国家重点研发计划“固废资源化”专项
“产品全生命周期识别溯源体系及绩效评价技术”
项目（2018YFC1902700）

废弃电器电子产品循环产业链研究

刘婷婷 吴玉锋 杨登才 等◎著

中国社会科学出版社

图书在版编目（CIP）数据

废弃电器电子产品循环产业链研究/刘婷婷等著．—北京：中国社会科学出版社，2022.12
ISBN 978-7-5227-0661-0

Ⅰ.①废…　Ⅱ.①刘…　Ⅲ.①电子产品—废物综合利用—环保产业—产业链—研究—中国　Ⅳ.①X760.5 ②X324.2

中国版本图书馆 CIP 数据核字(2022)第 144541 号

出 版 人　赵剑英
责任编辑　谢欣露
责任校对　周晓东
责任印制　王　超

出　　版　中国社会科学出版社
社　　址　北京鼓楼西大街甲 158 号
邮　　编　100720
网　　址　http：//www.csspw.cn
发 行 部　010-84083685
门 市 部　010-84029450
经　　销　新华书店及其他书店

印　　刷　北京明恒达印务有限公司
装　　订　廊坊市广阳区广增装订厂
版　　次　2022 年 12 月第 1 版
印　　次　2022 年 12 月第 1 次印刷

开　　本　710×1000　1/16
印　　张　12.75
插　　页　2
字　　数　191 千字
定　　价　69.00 元

凡购买中国社会科学出版社图书，如有质量问题请与本社营销中心联系调换
电话：010-84083683

前　言

废弃物循环再生是实现“双碳”目标的重要抓手之一。废弃电器电子产品作为一类典型的固体废弃物，其循环产业链的发展面临着历史性的机遇，其减碳价值将被充分挖掘。废弃电器电子产品又可称为“电子垃圾”，具有资源和环境的双重属性。如何发挥其资源属性使其变废为宝，同时避免其不规范处理产生的二次污染，是我国在过去、现在以及未来很长一段时间内需要破解的难题。废弃电器电子产品管理涉及产生、回收、处理等多个环节，构建一套完整的循环产业链，实现规模化处理，打造回收再利用闭环是破解上述难题的保障。循环产业链条上各利益相关者是链条构建的基础，各利益相关者的行为是驱动链条上各环节衔接和系统运转的关键。

基于此，本书首先论述了废弃电器电器电子产品回收利用的经济效益和环境影响，介绍了日本、英国、德国、瑞士和美国等典型国家的废弃电器电子产品回收管理经验，同时调研了我国废弃电器电子产品回收体系现状，识别其存在的问题。在此基础上，对废弃电器电子产品循环产业链上的利益相关者的特点和相互作用关系进行了分析，进一步研究了生产者和消费者这两类关键利益相关者参与回收行为的影响因素，然后基于多利益相关者视角探寻了影响废弃电器电子产品循环产业发展的因素。最后，本书提出了促进废弃电器电子产品循环产业链构建及深化发展的对策建议。

本书的写作经历了反复讨论和修改，由本书三位作者（刘婷婷、吴玉锋和杨登才）共同拟定了全书的内容逻辑和框架，并确定了每一章节的结构和内容要点，同时负责全书的统稿和校对工作。作者指导的研究生们做了大量数据调研、统计和实际撰写工作。研究生参与情况如下：张前参与了第二章和第三章撰写工作，吴尚昀参与了第四章和第五章撰写工作，郑紫晨参与了第五章和第六章撰写工作，刘娅茹参与了第七章和第八章的撰写工作，曹婧参与了第九章和第十章的撰写工作。

本书历时近三年写完，写作期间笔者恰在 Yale University 访学，经历了 2020 年新冠肺炎疫情在美国逐步暴发的特殊时期。每每翻开这本书，脑海中都浮现出我在康州纽黑文市 Willow 街 180 号那座百岁老屋中撰写书稿的情景，那段与世隔绝的独居岁月，对于我而言是一份异常难忘的记忆。同时，受困于疫情，研究团队对企业的实地调研也遭遇了重重困难。在此，特别感谢中国电子装备技术开发协会秘书长唐爱军和高级工程师刘欣伟博士！她们的大力支持和帮助，使得相关企业调研工作得以开展和实施。最后也要感谢科技部重点研发计划“因废资源化”专项“产品全生命周期识别溯源体系及绩效评价技术”项目（2018YFC1902700）对本书出版的资助。

春种一粒粟，秋收万颗子！值此 2022 北京冬奥会开幕之际，寄希望于本书的出版能够在固体废物循环再生领域为减碳事业贡献绵薄之力。

刘婷婷

北京工业大学材料楼

2022 年立春

目　　录

第一章　研究背景和意义

第一节　研究背景

废弃电器电子产品是指拥有者不再使用且已经丢弃或放弃的电器电子产品［包括构成其产品的所有零（部）件、元（器）件等］，以及在生产、流通和使用过程中产生的不合格产品和报废产品（GB/T 29769—2013，定义 3.8）。本书参考《废弃家用电器与电子产品污染防治技术政策》中的相关定义，将废弃电器电子产品分为废弃家用电器（家电）和废弃电子产品。中国家用电器研究院 2019 年 5 月发布的《中国废弃电器电子产品回收处理及综合利用行业白皮书 2018》显示：2018 年，由《废弃电器电子产品目录（2014 年版）》（2015 年第 5 号公告）收录的 14 种电器电子产品的理论报废量约为 5.89 亿台，其中主要包括 4817.6 万台电视机、2064.7 万台电冰箱、2024.8 万台洗衣机、3149.1 万台空调、3034.4 万台微型计算机和 30393.3 万部手机等。2018 年的电器电子产品理论报废量比 2017 年增加 37.7%。总体而言，我国废弃电器电子产品正呈现快速增长的趋势。

废弃电器电子产品的随意处理会造成严重的资源浪费和环境污染，同时还潜藏着损害人体健康的巨大风险。废弃电器电子产品具有资源的价值属性，是各类金属及有机物的潜在来源。电子产品中含有多种贵重金属，如 1 吨电子板卡中约含有 1 磅黄金、286 磅铜、90 磅铁、44 磅锡、65 磅铅等。如果能够将社会产生的废弃电器电子产品进行专业化拆解处理，并进行合理化重复利用，将产生可观的资源价值，有利于提高资源的循环利用率，同时在一定程度上减轻对生态环境造成的危害。也正是因为废弃电器电子产品所蕴藏的高品质资源价值，非正规回收和非法拆解盛行。我国现阶段个体回收仍然是废弃产品回收处理的主要渠道，正规回收和拆解具有较大的提升空间，尤其是对“四机一脑”以外电器电子产品的正规回收处理。

为了规范废弃电器电子产品的回收处理和促进资源综合利用，2009 年 2 月 25 日，温家宝同志签署国务院令公布《废弃电器电子产品回收处理管理条例》（以下简称《条例》），该条例规定了制造商、进口商、零售商、售后服务商和回收公司对废弃电器电子产品应负的责任。2011 年，《条例》正式施行，国家开始对这一行业实行资格许可制，并设立基金，对废弃拆解企业进行补贴。虽然该政策在一定程度上提升了正规拆解数量，但也显现出基金收支失衡、拆解产能过剩、回收产品结构不均衡等问题。基于此，2015 年 11 月 26 日，财政部、环境保护部、国家发展改革委、工业和信息化部联合下发通知，对废弃电视机、微型计算机、洗衣机、电冰箱、空气调节器产品的基金补贴标准进行了适当调整，以合理引导废弃电器电子产品回收处理，加快提升行业技术水平和整体效率。2016 年 12 月 25 日，国务院办公厅印发《生产者责任延伸制度推行方案》，确定对电器电子、汽车、铅酸蓄电池和包装物 4 类产品实施生产者责任延伸制度。生产者责任延伸制度，是指将生产者对其产品承担的资源环境责任从生产环节延伸到产品设计、流通消费、回收利用、废物处置等全生命周期的制度。根据日本、英国、德国、瑞士和美国等国的经验，建立生产者责任延伸制度可以有效促进正规回收处理。建立基于生产者责任延伸制度回收处理体系的前提，是明确电器电子产品整个生命周期各个环节的不同利益相关者所承担的角色及其相互作用。但目前在此方面的研究还有待进一步的完善，因此本书将针对废弃电器电子产品回收处理链条上涉及的利益主体的行为特点和驱动因素进行研究，为我国推进生产者责任延伸制度提供一定的理论支撑。

第二节　研究意义

本书基于生产者责任延伸制度理念，对废弃电器电子产品回收处理进展进行文献综述和调研分析，同时对逆向供应链上涉及的各利益相关者行为开展研究，具有以下理论和现实意义。

一　理论意义

本书运用技术采纳与利用整合理论（Unified Theory of Acceptance and Use of Technology，UTAUT）和决策实验与评价实验室模型（Decision Making Trial and Evaluation Laboratory，DEMATEL），识别利益相关者行为的影响因素，具有一定的创新性。研究对象涉及全生命周期的各个主体，从现状调研到问题剖析，再到因素识别，研究层层深入，较为完整、系统，在宽度和深度上实现对现有关于废弃电器电子产品回收处理社会行为分析研究的有力补充。研究成果有利于厘清我国废弃电器电子产品的生产、销售、消费、回收和利用全生命周期过程中各利益相关者的责任关联，提出基于生产者责任延伸制度的回收体系中利益相关者行为指导建议，为废弃电器电子产品领域生产者责任延伸制度的推行、履责绩效评价指标的构建和关键信息数据的采集提供基础，对于制定相关政策引导规范生产者、消费者和回收处理者等相关利益主体的行为具有指导作用。研究成果能够为生产者责任延伸制度的建立和示范提供一定的理论支撑。

二　实践意义

本书研究成果的应用，有利于规范回收，提高正规回收比例，促进产品的生态设计和再生资源的循环利用，从而减少资源浪费和环境污染；有利于废弃电器电子产品循环产业的健康发展，产生积极的资源环境和经济效益，改善城市环境面貌，提升城市生态文明建设水平。此外，研究成果的应用有利于引导生产者参与履行回收职责、消费者参与回收，建立良好的回收意识和营造良好的社会氛围，产生积极的社会效应，从而促进国家实现经济、社会和环境的和谐发展。

第三节 研究内容

本书主要研究内容包括以下部分。

一 WEEE回收利用的综合影响

通过文献综述的方式，归纳总结出WEEE回收利用的经济价值，以及在温室气体、生态环境和人类健康方面产生的环境影响，从而了解发展废弃电器电子产品回收处理行业的经济驱动力和减排潜力。

二 典型国家WEEE的管理情况与启示

通过文献综述、专家咨询、国外访问交流等方式，归纳总结出日本、英国、德国、瑞士和美国在WEEE回收管理方面的立法情况和回收管理模式，提炼相关经验对我国进一步完善WEEE管理机制的启示作用和借鉴意义。

三 WEEE回收体系现状及问题

通过文献归纳、政府咨询、企业调研和居民调查等方式了解目前WEEE回收发展现状，具体包括WEEE的政策环境、回收模式、回收成效、居民参与程度等内容，从而进一步识别出我国目前WEEE回收处理面临的主要问题，尤其是不同利益相关者在已有回收体系中的责任缺失等问题。

四 WEEE循环产业链利益相关者分析

废弃电器电子产品回收处理涉及多个利益相关者，包括废弃电器电子回收企业、处理企业、电器电子产品生产企业、经销商和售后服务商、再利用企业、消费者和政府主管部门等。不同利益相关者在电器电子产品的研发设计、生产制造、流通消费和回收处理等全生命周期各环节中，具有不同的回收处理社会行为特点。本书将分析其行为特点及其相互作用关系，剖析不同利益相关者在回收体系中应承担的角色和发挥的作用。

五　WEEE 回收处理社会行为的影响因素

这部分包括第六章至第九章。识别不同利益相关者行为的影响因素，可为政策制定引导主体行为提供理论依据，是建立和推行生产者责任延伸制度的前提和基础。本书将基于 UTAUT 理论和 DEMATEL 模型，采用问卷调查、企业座谈、专家咨询等方式，剖析利益相关者参与 WEEE 回收行为的影响因素，建立因素相互影响有向图及因果图，识别出 WEEE 回收处理社会行为的主要驱动因素。

六　政策建议

根据利益相关者行为特点及影响因素分析，提出引导 WEEE 全生命周期追溯体系构建过程中利益相关者行为的政策建议，为 WEEE 领域生产者责任延伸制度的推行、履责绩效评价指标的构建和关键信息数据的采集提供基础。

第四节　研究方法及路径

本书将综述 WEEE 回收利用产生的经济价值和环境影响；归纳典型国家 WEEE 管理经验；深度调研分析我国目前废弃电器电子产品回收体系现状，识别已有回收体系存在的问题；研究电器电子产品全生命周期追溯体系中涉及的利益相关者，分析其行为特点及相互作用关系；基于 UTAUT 理论和 DEMATEL 模型，研究 WEEE 回收处理社会行为的影响因素，最后提出政策建议。本书内容结构如图 1-1 所示。

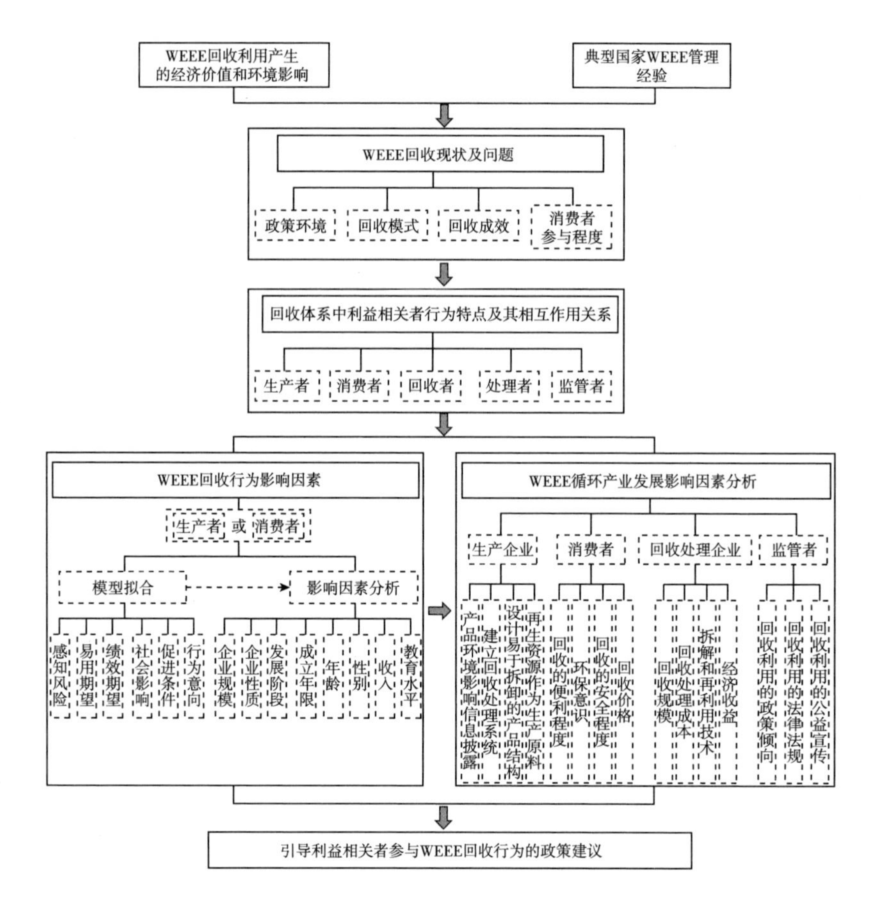

图 1-1　本书内容结构

第五节　理论基础

一　生命周期理论

（一）生命周期理论的提出及定义

产品生命周期（Product Life Cycle，PLC）理论最早由费农（Vernon）教授于 1966 年提出。该理论表明，产品存在不同的发展阶段，在产品发展的前期，主要由该产品的发明地区提供生产该产品的零部件以及劳动力，但当该产品推广至世界市场后，该产品的生产会转移至其他地区，甚至在特定情况下，该产品在原发明国会逐渐成为进口产品。

产品生命周期理论起初只研究市场上产品的销售，随着越来越多的学者对其进行发展和完善，人们对于产品生命周期的理解逐渐有了不同的角度。基于产品生命周期理论，19 世纪六七十年代，生命周期评价（Life Cycle Assessment，LCA）方法在能源系统领域得到了应用，生命周期评价方法可以用来帮助回答许多传统上可持续发展计划中没有考虑的问题。通过生命周期评价的方法，我们能够将特定生产系统的环境影响进行量化。这种方法采用"从摇篮到坟墓"的方法，追踪产品生命周期的所有阶段，从生产中使用的原材料和资源的采集开始，直到回收处理结束，进而对产品的许多环境影响进行整体分析。

（二）生命周期理论在废物管理领域的应用

生命周期评价研究分为四个阶段：目标和范围的界定、生命周期清单分析、生命周期影响评价和解释。关于如何进行废物生命周期评价，有一个广泛的指导方针。目标和范围的界定包括开展研究的原因、预期应用和结果的预期用途。生命周期清单分析汇集了与废物管理系统内的活动以及与废物管理相关的上游和下游活动相关的所有质量流量和排放量。生命周期影响评价旨在理解和评估所研究系统的潜在环境影响的程度和重要性。解释阶段根据目标和范围评估前面阶段的结果，从而得出结论和建议。

该评价方法可以评估废物管理系统中潜在的环境影响和资源消耗，包括所有相关的废物类型，综合考虑废物产生、运输、处理和处置各种部分和残留物的整体系统，以及与周围社会的物质和能量交换。废物 LCA 有助于建立系统中所有流程的概览，避免忽略残留物和排放，识别上游（如材料和能源的使用）和下游（回收材料、能源的使用）的交换。

对一个特定的废物管理系统、大城市或地区进行生命周期评价，将会对该地区的废物系统形成系统的描述。具体来说，LCA 将帮助我们了解这个系统或区域中主要的废物流、环境负荷、环境节约等方面。如果废物管理系统是单流系统，例如，集中于收集和填埋，这些问题可能不难回答，但大多数现代废物管理系统涉及许多废物类型和来源（如家庭废物、大体积废物、花园废物、商业废物等）、一系列收集方案（定期路边收集、公共回收站、按需收集等）以及许多不同的处理和处置设施（堆肥厂、焚化炉、填埋场等）。

生命周期评价可以显示新方法和新流程的使用如何改善现有废物管理系统的环境绩效。LCA 允许决策者估计环境效益的潜在变化，例如，改变废物的收集，引入更多或更少的废物成分进行回收，或对餐厨废物进行生物处理。模拟废物管理系统的潜在变化，本质上是估计新方法的关键流程和技术的运作过程。这些估计可能基于文献、其他废物管理系统的经验、专家判断或供应商信息。通过在 LCA 模拟中引入一系列关键参数的变化，可以更好地理解潜在改善的环境影响。

此外，生命周期评价方法可以对有替代性的技术进行比较，帮助我们识别不同技术的流量和环境特征。但只有当每种技术都具有相同的功能单元时，这种比较才是有用的。同时，也可以对具体的废物管理系统进行比较，其中规定了废物的成分以及回收和收集方案，例如废物气化与大规模燃烧的比较。技术比较也可以以更为通用的方式进行，例如使用与替代技术相关的一系列废物成分，或使用一般废物成分来评估一种技术相对于另一种技术在流量和环境状况方面的表现。模拟替代技术的环境概况或评估一项技术的替代性，对进入新市场的技术提供商、考虑用新技术取代现有技术的公司或主管部门、希望确定其自身技术竞争的国际组织或行业协会，或者负责监管和指导废物管理的区域和国家政府提供很大的帮助。

二 利益相关者理论

（一）利益相关者理论的提出及定义

利益相关者概念起初于 1963 年由斯坦福研究院提出，指的是企业的生存需要一群具有相关利益的人进行支持。在这之后，安索夫（Ansoff）于 1965 年在经济学领域引入该概念，他认为企业必须综合考虑其利益相关者（包括股东、管理者、工人、分销商及供应商等）之间的相互冲突，才能达到理想化的企业目标（田晓霞和陈金梅，2005）。随着人们对该概念的认识不断加深，经济与商业的不断发展，人们逐渐开始从不同角度认识利益相关者这一概念，利益相关者的应用范围也越来越广。

利益相关者理论（Stakeholder Theory）由弗里曼于 1984 年提出，他将“利益相关者”定义为在一个组织中会受组织影响或一定程度上影响组织的群体或个人。他认为，企业的管理者必须制定与各利益相关者兼容的战略，才能使企业可以长久发展下去。在弗里曼之后，又有诸多学者对这一理论概念进行不断地延伸，利益相关者概念也得到了不断发展。

利益相关者的概念实际上指出了一个问题，即现实世界的管理活动往往都是在一定的系统背景下进行的，单个主体的行为往往难以使整个系统或网络达到效益的最优。因此，在管理实践中，要首先确定主要利益相关者，然后重点考察不同主体之间相互作用的方式和程度，以及它们对管理目标的影响。

（二）利益相关者理论在废物管理中的运用

从本质上说，废物管理是在各利益相关者遵循市场规律的基础上，明晰利益相关者的责任和义务，从而实现废物的减量化、资源化和无害化。因此，利益相关者理论对于寻找妥善处理废物管理中各利益相关者之间关系的恰当途径具有一定的适用性。根据利益相关者理论的基本思想，确定主要利益相关者是建立废弃电器电子产品回收管理体系的重要步骤。除此之外，还需要明确各利益相关者在回收管理制度中的责任。高效的废弃电器电子产品回收管理制度主要明确了由谁来承担废弃电器电子产品回收责任，即谁回收，谁运输，谁处理，经济责任如何分担，由谁来分担治理责任，如何处理历史废弃物等。废物管理包含产品的生产、销售、消费、回收、利用和处理等全生命周期过程，涉及多个利益相关者，因此厘清各利益相关者的特点及其相互关系是实现废弃资源管理持续健康发展的前提。

三　生产者责任延伸制度

（一）生产者责任延伸制度的提出及定义

生产者责任延伸（Extended Producer Responsibility，EPR）概念最初是由托马斯·林德奎斯特（Thomas Lindhqvist）在 1990 年提交给瑞

典环境部的一份报告中正式引入的（Lindhqvist and Lifset，2003）。他认为，生产者责任延伸是一种环境保护战略，目的在于通过让产品生产商对产品的回收、循环和最终处置的整个生命周期负责，来降低产品的环境影响。将环境污染责任转移给作为污染者的生产者，不仅是环境政策的问题，也是在产品设计中达到更高环境标准的最有效手段。

EPR 基于这样一种原则，即生产商对产品的设计和营销拥有最大的控制力且有最大的能力和责任减少产品毒性和浪费。它是一种政策工具，可以在产品链上下延伸，旨在将产品和材料的环境成本内部化，从而促进对环境影响更小的绿色产品的设计，力求在企业内加入设计和实施废弃产品收集、运输和处理策略的责任。EPR 使用财务激励措施鼓励生产者设计环保产品，让生产者负责在产品生命周期末期管理产品的成本，通过将产品生命周期末期的管理成本从市政当局转移给生产者，可以激励生产者从产品和服务的设计到废弃产品处置的整个生命周期内实现更高的经济效率。这种政策方法与产品管理不同，产品管理中生产者仅在产品的监管链中分担责任，而 EPR 要求生产者将回收成本内部化，从而减轻地方政府管理某些产品的成本。

在当今全球化经济中，传统的监管方式通常难以解决环境外部性问题，EPR 作为一种以市场为基础、以生命周期为导向的工具，通过参与市场的方式可以促进这些外部性因素的内部化，比传统的“命令和控制”监管措施更有效地解决包括生命周期末期管理在内的产品链带来的环境影响。

（二）EPR 在废弃电器电子产品领域的应用情况

现阶段废弃电器电子产品对环境造成的压力越来越大，而废弃电器电子产品规范的回收与拆解由谁承担是生产者责任延伸制度的讨论内容。生产者责任延伸制度在发达国家已有成功实践，这些国家通过回收法案明确了生产者、销售者、消费者之间的责任关系，强化了废弃电器电子产品的全生命周期管理，有效地促进了废弃电器电子产品减量化。

例如，德国要求公共废物管理当局和生产者共同进行 WEEE 的回收管理，公共废物管理当局对 WEEE 进行分类收集，生产者则有责任回收和处置它们生产的 WEEE。日本的法律则规定生产者必须回收再利用一定比例的废弃电器电子产品，生产者如果在规定的时间内达不到法律规定的回收再利用的比例，将受到相应的处罚。美国的 WEEE 管理条例由各州自行设立，其中大多数州主要采用生产者责任延伸制度的形式，生产者需要承担回收责任，并且一般不可以向消费者收取 WEEE 的收集和处理费用。英国的 WEEE 生产者必须在国家包装废物数据库进行注册，当其一年内在市场上投入的 WEEE 数量过高时，该生产者必须加入生产者合规计划。生产者合规计划每个年度都为生产者设置回收目标，并要求它们为其所销售的产品的回收目标负担一部分资金。

我国在废弃电器电子产品的管理过程中，也在不断探索实践生产者责任延伸制度。从 2009 年《废弃电器电子产品回收处理管理条例》首次建立起 WEEE 行业的 EPR 制度体系，到 2015 年开始建设电器电子产品生产者责任延伸试点，以及 2017 年国务院办公厅发布《关于印发生产者责任延伸制度推行方案的通知》，我国规定从“生态设计、使用再生原料、规范回收利用和扩大信息公开”四个方面开展 EPR 制度，并将电器电子产品列入首批产品。由此可见，我国电器电子产品 EPR 制度经历了探索、起步、发展 3 个阶段。2020 年，在多重政策建议推动下，行业 EPR 制度的发展已步入提升阶段，呈现出相关政策制度出台频率提高、具体内容逐渐细化、国家重视程度不断加强、实践思路不断创新的特点。

2020 年 4 月 29 日，我国修订的《中华人民共和国固体废物污染环境防治法》公布。我国首次将 EPR 制度写入立法中，并在电器电子产品领域实施，规定其生产者应当按照规定以自建或者委托等方式，建立与产品销售量相匹配的废弃产品回收体系，并向社会公开，实现有效回收和利用。2020 年 3 月 11 日，国家发展改革委、司法部印发《关于加快建立绿色生产和消费法规政策体系的意见》，以电器电子产品等为重点，加快落实 EPR 制度，推行绿色设计，强化生产者废弃产品回收处理责任。2020 年 5 月 14 日，国家发展改革委等七部门印发《关于完善废旧家电回收处理体系推动家电消费更新的实施方案》，为建成规范有序、运行顺畅、协同高效的废旧家电回收处理体系确定了方向，鼓励生产企业通过自建回收网络、委托回收等方式，落实 EPR 模式；鼓励回收企业建立多元化回收渠道，通过全品类回收、预约回收等方式开展废旧家电回收，并交由合规企业处理；同时，鼓励大型回收企业吸收个体回收者，建立长期稳定的合作关系。

在以上政策意见的推动下，一方面，各利益相关者将更加聚焦废弃电器电子产品回收处理体系的关键领域和薄弱环节，打通电器电子产品生产、消费、回收、处理全链条；另一方面，有关部门将以加紧推行绿色设计，健全推行绿色设计的政策机制为重点工作方向，引导企业在生产过程中使用无毒无害、低毒低害和环境友好型原料，加快落实电器电子产品 EPR 制度（刘婷婷等，2021）。

第二章　废弃电器电子产品回收利用的综合影响

在日渐发达的现代生活中电器电子产品占据了难以替代的地位，废弃电器电子产品的数量也随着电子产品的蓬勃发展与日俱增。废弃电器电子产品的回收利用是迈向碳中和、加强再生资源循环利用的重要环节，对创建可持续发展社会有着极为重要的意义。

根据生态环境部发布的 2019 年第一至第二季度废弃电器电子产品处理数据和行业调研，2019 年废弃电器电子产品的拆解数量约 8000 万台，总重量约 213.5 万吨。根据不同产品的可再生材料占比测算，2019 年废弃电器电子产品处理行业可回收铁 57.9 万吨、铜 5.9 万吨、铝 3.8 万吨、塑料 46.1 万吨。有效回收利用废弃电器电子产品，将对社会的资源环境与经济产生巨大的价值。

基于此背景，下文对我国目前典型废弃电器电子产品回收的经济效益和环境效益等方面进行讨论，旨在研究 WEEE 逆向供应链对于绿色低碳循环发展与生态环境保护的作用。

一般而言，从 WEEE 回收金属包括四个步骤：第一步是收集，主要是从前端产生源头流入回收处理渠道，这需要消费者、生产者、回收者和监管者的合作。第二步是拆卸，从 WEEE 中挑选有价值的部件并对其进行分类。第三步是预处理，从分类部件中剥离金属。第四步是根据粉碎材料的性质，采用不同的方法从中回收有价值的金属。每一步对金属的最终回收率都至关重要。

第一节　废弃电器电子产品回收利用的经济价值

循环经济的基础是资源的可持续利用，如何建立一个资源高效循环的社会一直是我们在不断探索的领域。因此，了解废物潜在的资源价值，进行合理的废物管理就显得十分重要。废弃电器电子产品是城市固体废物的一个重要组成部分。在电器电子产品中，银、稀土、钴和锂的消耗量巨大。电器电子产品的需求巨大且正在不断升高，将增加这些关键金属的供应风险。研究表明，WEEE 是这些关键金属的重要二次资源，如果用于生产电器电子产品的某些金属的年消耗量超过10%，它们的回收利用可以极大地缓解许多关键金属资源的供应风险（Zhang et al.，2017）。因此，从废弃电器电子产品中回收有价值的金属是一个有效的解决办法，这个过程被称为“城市采矿”。“城市采矿”如果可以得到有效的管理及广泛的推行，相较于原始开采将更具有发展潜力（Zeng et al.，2018）。

WEEE 包含多种有价值的材料（见图 2-1），主要有 60%左右的金属、15%左右的塑料，以及多种其他材料（Wang and Xu，2014）。仅仅考虑金属，回收行业便存在不菲的经济利润。已经有研究表明，预计到 2040 年，印度尼西亚电子垃圾中关键金属的价值将达到 140 亿美元（Mairizal，2021）。而根据拉文德拉（Ravindra）的研究，印度昌迪加尔市每年所有家庭产生约 4100 吨电子垃圾，可提取约 63 吨有价值的重金属，价值 65000 美元（Ravindra，2019）。全球每年产生电子垃圾 2000 万—2500 万吨，按此粗略计算，将有近 4 亿美元的潜在经济价值。

以废旧手机为例，拆解下来的零部件 95%以上可以继续使用，具有较高的再利用价值。这些拆卸下来的零部件进行工艺处理之后，可以回收大量的金属资源。根据苹果公司 2019 年的《环境责任报告》，每拆解 10 万部 iPhone 可回收铝、金、银等若干材料，如表 2-1 所示。

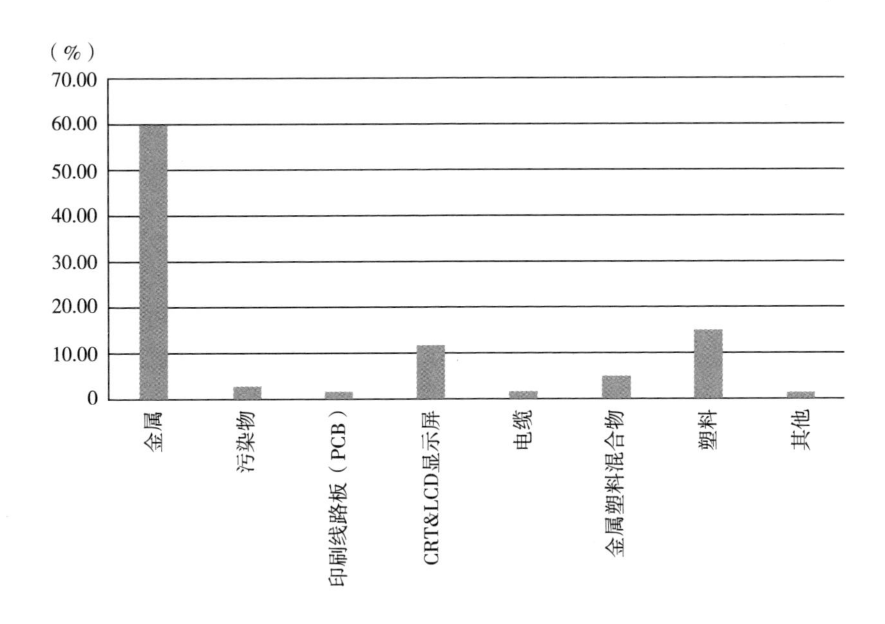

图 2-1　WEEE 的典型物质组分

资料来源：Wang 和 Xu，2014。

表 2-1　　每拆解 10 万部 iPhone 可回收的材料含量　　单位：千克

材料	含量
铝	1500
金	1.1
银	6.3
稀土元素	32
钨	83
铜	1000
锡	29
钴	790
钢	1400

资料来源：苹果公司 2019 年《环境责任报告》。

日本横滨金属公司曾经对报废手机成分进行分析，结果显示，平均每 100 克手机机身中含有 14 克铜、0.19 克银、0.03 克金和 0.01 克钯。丹麦技术大学的研究结果显示，1 吨电子板卡中含有大约 600 磅塑料、286 磅铜、1 磅黄金、90 磅铁、65 磅铅、44 磅镍和 22 磅锑（杨犇犇，2009）。许多学者针对废旧手机及其零部件回收利用的资源效益开展了研究。学者对废旧手机中金、银等贵重金属进行了预测，结果显示，到 2025 年，废旧手机中银和金的含量将分别达到 56250 千克和 28130 千克（Guo and Yan，2017）。波拉克（Polak）和德拉帕洛娃（Drapalova）基于延迟模型估计，未来 10 年内欧盟将有约 13 亿部废旧手机可供回收利用，这个数量包含大约 31 吨黄金和 325 吨白银（Polák and Drápalová，2012）。He 等（2018）用动态物质流法和威布尔分布分析了废旧手机产生的数量及其所含高科技矿物的数量，结果表明，废旧手机的产生量呈上升趋势，手机中含有的高科技矿物有相当一部分是可以回收利用的。之后，他们又采用物质流分析（Material Flow Analysis，MFA）和生命周期成本（Life Cycd Cost，LCC）方法分析了从手机中提取高科技矿物的成本（He et al.，2020）。由此可知，废旧手机回收能够产生一定的资源价值，这些资源价值可以直接转化为经济价值，桑塔纳等（Santana et al.，2021）通过对一家负责手机翻新的公司进行个案研究证实，废旧手机的回收再利用过程是有利可图的。

虽然不同的 WEEE 组成往往各不相同，但很多典型的零部件会存在于各类 WEEE 上，例如手机上重要的零部件之一是液晶显示器（Liquid Crystal Display，LCD），此外，在电脑、电视上，LCD 已成为几乎所有显示功能的主流屏幕。废旧 LCD 是一种利润丰厚的 WEEE 组分，其中存在大量低碳关键金属——铟，电视 LCD 中的可用铟量约为 102 克/吨（Wang，2009），手机 LCD 中的可用铟量为 1102 克/吨（Takahashi et al.，2009）。因此，废旧 LCD 中的铟也是重要城市资源。邦迪（Boundy）等分析了各种废 LCD 面板中的铟含量比，结果表明，废旧液晶显示器中的铟含量在 100 克/吨到 400 克/吨之间变化，这比主要资源中铟的含量（如锌矿石中的铟含量在 1 克/吨到

100克/吨之间）更为丰富（Boundy，2017）。

除LCD之外，废弃印刷线路板（Printed Circuit Board，PCB）是电子产品的核心部件，产生量大，是另一种重要的典型废弃电子零部件，几乎存在于所有电器和电子设备中。废弃印刷线路板具有很高的回收价值，其中既含有大量高价值金属（金、铜、银、锌、镍、锡、钛等），也含有大量非金属（玻璃纤维、环氧树脂和添加剂）（Huang et al.，2009）。文献表明，废弃印刷线路板中的非金属典型成分包括热固性树脂（环氧树脂）、玻璃纤维、塑料、增强材料、添加剂等，占PCB废料的70%（Guo et al.，2009），金属成分包括铜16%、锡4%、铁3%、镍2%、银0.05%、金0.03%、钯0.01%（Marques et al.，2013），废弃印刷线路板中的金属含量甚至高于金属矿山。金属资源是有限的，全球铅和铜的储存量分别约为1.7亿吨和4.7亿吨，然而，全球每年铜和铅的开采量分别约为1870万吨和30万吨。因此，从废PCB中回收提取金属有助于缓解资源开采压力（Qiu et al.，2020）。

除此之外，在能源方面，废旧手机的合理回收利用也表现出了良好的减耗效益，减少的能源消耗相当于节约了能源。Yu等（2010）采用物质流分析（MFA）和生命周期评价（LCA）方法对手机的材料和能源消耗进行评估，结果表明，在手机的生命周期中制造阶段占总能耗的50%，而使用阶段仅占20%（Yu et al.，2010）。手机回收过程的物质流和能量需求分析表明，从手机中回收铜所消耗的能量是一次提取铜所需的一半，并节省了相当或更多的能量用于贵金属精炼（Navazo et al.，2014）。由此可见，废旧手机回收领域对于能量节约也存在一定的贡献，减少了相关成本的支出。

因此，从经济方面考虑，废弃电器电子产品蕴含着大量的金属材料资源。一方面，这些金属材料蕴含巨大的经济价值，有效地回收利用不仅是一笔巨大的财富，还大大提高了资源的利用率。另一方面，由于电子产品生产过程的高耗能，回收有利于减少能源消耗，从而减少相应的成本，增加经济收益。

第二节　废弃电器电子产品回收利用的环境影响

废弃电器电子产品包括印刷线路板、电线、制冷剂、液晶显示器、电池等主要部件（见表 2-2）。WEEE 部件中既存在有用物质，也存在有害物质，如表 2-3 所示（He and Xu，2014）。WEEE 处理过程中会产生一定的环境影响。WEEE 不仅含有各种金属，还含有其他相当复杂的化学成分，如塑料和溴化阻燃剂等，如果得不到妥善处置或回收，将造成严重的环境污染，甚至危害人类健康。相反，妥善地回收处理会产生积极的环境影响。

表 2-2　　废弃电器电子产品中的主要部件

电子废物	主要部件
手机	塑料外壳、电池、存储介质、印刷电路板、电线、液晶显示器
电视	偏转线圈、消磁线圈、扬声器、印刷线路板、电线、阴极射线管、液晶显示器
冰箱	管子、衬里、冷凝器、电线、制冷剂
空调	热交换器、电机、压缩机、铜管、印刷电路板、电线、制冷剂
电脑	扬声器、电池、存储介质、印刷线路板、电线、阴极射线管、液晶显示器
洗衣机	机筒、排水管、电机、电线、盐废料

资料来源：Zhang 和 Xu，2016。

表 2-3　　WEEE 部件中的主要有用和有害物质

组件	有用物质	有害物质
印刷电路板	玻璃纤维、树脂、铜	重金属、溴化阻燃剂
冷藏柜	铜、铝、塑料	氟利昂
阴极射线管	玻璃	铅（氧化铅）
液晶面板	玻璃、氧化铟	液晶、三乙酸纤维素、聚乙烯醇

续表

组件	有用物质	有害物质
电线	铜、铝、塑料	多氯联苯
锂离子电池	钢、铝、铜、锂、钴	六氟磷酸锂
镍镉电池	钢、铁、镍	镉

资料来源：He 和 Xu，2014。

一　温室气体

全球变暖和气候变化问题是我们面临的重大环境威胁，也被确定为发达国家和发展中国家政策议程中的主要环境考虑因素。一方面，WEEE 内含有许多元素，如果处理不当，会对环境产生直接影响，导致全球变暖。另一方面，从 WEEE 中回收的金属/材料可以取代等量的材料，否则就需要再从原始资源中进行开采。因此，从减少原始开采过程这一点来看，WEEE 的回收就可以降低温室气体和其他环境排放，可对全球减缓气候变化目标做出贡献。

目前，WEEE 的主要处置方法包括回收利用、填埋以及焚烧，不同的处置方式会存在不同的温室气体排放。其中，回收利用可以带来很高的温室气体减排效益，往往被认为是 WEEE 生命周期末端处置最有利的方式。焚烧的处置方式所带来的排放量同样为负，但与回收利用相比减排效果较小，而填埋的处置方式会导致排放大量的温室气体，往往被认为是最不利的选择（Clarke et al.，2019）。

根据佩卡科娃等（Pekarkova et al.，2021）对英国 WEEE 非正规处置的研究认为，英国每年由于弃置垃圾桶而产生的非正式处置的 WEEE 约 45 万吨，若全部将其以回收利用的处理方式进行处置，到 2030 年，总计将产生 3 亿二氧化碳当量（CO_2-eq）的温室气体减排效益。相比较而言，在中国，虽然居民对 WEEE 的危害有较高的认识，但只有少数人能够区分 WEEE 回收的正式渠道和非正式渠道，很多人出于方便和收益的考虑，仍然选择通过非正规的收集渠道进行 WEEE 的处理（Cao et al.，2016）。从 2012 年起直至 2015 年，我国 WEEE 的正式回收率从 10.1%上升到 60.64%（Song et al.，2017），有不断提升的趋势。但根据《中国废弃电器电子产品回收处理及综合利用白皮书》，2018 年我国 WEEE 理论报废总重量约 573 万吨，处理总重量约 208 万吨。这表明，我国 WEEE 非正规处置问题仍存在很大完善空间，促进 WEEE 回收利用也意味着可以开发出更大的温室气体减排潜力。

不同 WEEE 回收利用带来的温室气体减排潜力也各不相同。废旧手机在我国每年报废量极高，超过 3 亿部。根据苹果公司每年《发布的环境责任报告》，一部 iPhone 12 Pro Max 的全生命周期温室气体排放量为 86 千克二氧化碳当量，而一部 iPhone 8Plus 的全生命周期温室气体排放量为 68 千克二氧化碳当量。从全生命周期的角度来看，一部手机的末端处置阶段温室气体排放量在 1%以下，而其生产阶段的温室气体排放量却高达 80%。由于在典型的智能手机温室气体排放的生命周期中制造阶段占据主导地位（Suckling and Lee，2015），所以将一部废旧手机进行再利用或翻新可以达到减少温室气体排放的目的。此外，很多研究表明，废旧手机的回收系统也存在温室气体减排效益（宋小龙等，2017；Baxter et al.，2016）。将一部废旧手机进行正规的分类，并回收其中重要的金属资源，与仅仅将它放置在普通的生活垃圾中进行非正规处置进行比较，每部手机的回收处置方式将获得 0.97 千克二氧化碳当量的温室气体减排效益。理论上，我国一年报废近 3 亿部手机，若能全部以回收再利用的方式进行正规处置，至少将带来上百万吨的温室气体减排效益。

废旧冰箱的每年产生量低于废旧手机，但是回收一台废旧冰箱能够产生更高的温室气体减排效益。许多学者都曾测算过回收废旧冰箱的温室气体减排效益。回收一台冰箱可避免排放 720 千克二氧化碳当量的温室气体（Foelster et al.，2016）。与废弃处置相比，回收处置将获得 560.72 千克二氧化碳当量的净温室气体减排效益（Baxter et al.，2016）。之所以废旧冰箱的回收利用会产生如此高的温室气体减排效益，是因为废旧冰箱内部存在制冷剂这一部件，制冷剂内含有氟碳化合物的成分，采用氟碳化合物的替代品和对氟碳化合物的回收都大大有助于减少温室气体排放（Nakano et al.，2007），而制冷剂的肆意排放与非正规处置将会对环境产生直接的负面影响。一般一台冰箱的制冷剂含量不超过 100 克，研究表明平均回收 1 千克的制冷剂能够产生 5.5 吨二氧化碳当量的温室气体减排效益（Park et al.，2019）。

因此，从温室气体减排效益方面考虑，WEEE 回收利用行业在应对气候变化方面存在一定的贡献，规范科学发展 WEEE 回收利用行业，将助力我国早日达成“双碳目标”。

二　生态环境

WEEE 的不规范回收处置，增加了重金属进入空气、土壤、水、沉淀物、稻谷、蔬菜及野生植物等人类赖以生存的环境的风险，产生负面的环境影响（Rautela et al.，2021）。

WEEE 中的成分会以附着在 PM2.5 颗粒物上的形式进入空气中污染环境。与非电子废物拆解区域相比，电子废物拆解区域的空气中，PM2.5 中含有更多的有毒有害物，对生态环境产生较大危害（Zeng et al.，2022）。

WEEE 的不规范回收处置，还会引起土壤微量元素的变化。电子废物处置区域及邻近农田存在微量元素含量明显升高的现象（Wu et al.，2018）。该研究通过采集一个典型电子废物回收区的土壤样品，分析其中的微量元素浓度，结果发现其中的镉、铜、汞的平均浓度显著高于中国的标准值，表明这些金属存在区域性污染，且与电子废物的回收处理相关。阿科蒂亚等不仅发现电子废物回收区域的表层土壤中存在高水平的微量重金属，还有多溴二苯醚等化合物（Akortia et al.，2017）。这些来自电子废物的高水平重金属和化合物都将对生态环境产生危害。

WEEE 的不规范回收处置，如倾倒电子废物和残留物，随意丢弃未经处理的电子废物处置的废水，会使重金属及其衍生物进入水体中。普拉丹在研究中采集了印度电子废物回收区域的地下水样品，并测定了其中的重金属浓度，发现重金属浓度高于印度标准的允许限度和世界卫生组织饮用水准则的允许限度，证明了电子垃圾非正式回收造成水体污染（Pradhan，2014）。

WEEE 回收区域通常与农业用地相邻。回收材料的过程和不加控制的露天焚烧电子废物会释放重金属污染灌溉用水，或通过空气直接沉积，渗透到作物生长的土壤中。植物可以通过根系从土壤中吸收这些金属，向上输送到幼苗，最终在组织中积累。此外，植物在生长过程中也会直接从大气中吸收重金属。罗等采集了电子垃圾露天焚烧场地、周围稻田和菜园的土壤，以及普通蔬菜样本，分析了其中的重金属含量。结果表明，附近水田和菜地土壤的镉和铜元素含量较高。在蔬菜食用组织中，大多数样品中镉和铅的浓度超过了中国食品允许的最高水平，这说明不受控制的电子垃圾处理操作对当地土壤和蔬菜造成了严重污染（Luo et al.，2011）。

三　人体健康

WEEE 不规范回收处置对人类的健康存在潜在的不利影响，包括对甲状腺功能、肺功能、生殖健康、生长、心理健康、DNA 以及基因表达等方面的影响（Grant et al.，2013）。

WEEE 不规范回收处置有可能影响周围人的甲状腺激素水平。甲状腺激素在胎儿和新生儿的发育中起着至关重要的作用，尤其是在神经发育和大脑发育中起着重要的作用，因此缺乏甲状腺激素会导致人类智力发育迟缓。电子废物回收站附近的居民对多溴二苯醚、二噁英和多氯联苯具有高负荷，而暴露于多溴二苯醚、二噁英和多氯联苯会破坏人类甲状腺激素的平衡（Zhang et al.，2010）。同时，电子废物污染导致的脐带血中的全氟化合物和有机氯污染物的残留污染，与新生儿甲状腺激素降低和母亲甲状腺功能减退的风险相关（Dufour et al.，2018）。

WEEE 污染不仅会影响人体内的甲状腺激素水平，甚至还会影响人体的基因表达。这些化合物的高暴露水平会与甲状腺激素相关蛋白、基因表达相关联，高的暴露水平会导致碘甲状腺原氨酸脱碘酶 I 的表达升高，刺激甲状腺激素浓度降低，甲状腺激素受体 α 表达降低，影响甲状腺激素的平衡（Guo et al.，2020）。

WEEE 的不规范回收处置会向环境空气中释放高浓度的过渡金属，尽管铬、镍、锰等过渡金属是人体必需的微量元素，但过量摄入对人体有毒害作用。与过渡金属接触会影响人的呼吸道功能，会产生如慢性支气管炎、肺气肿、肺纤维化和肺功能受损等症状。电子废物回收区的居民会接触到高浓度的三种过渡金属，学者通过对电子废物回收区的学龄儿童进行测试，发现电子废物回收区的受试者的血锰和血镍浓度均显著高于对照组，且肺活量明显低于对照组（Zheng et al.，2013）。

WEEE 还会对人类的生殖健康产生影响。电子废物中存在多溴二苯醚，它们可能通过含多溴二苯醚颗粒产品的磨损而被释放到环境中，对人体和环境产生危害。吴等（Wu et al.，2010）通过比较电子垃圾回收区和非电子垃圾回收区的新生儿脐带血中多溴二苯醚的浓度，评估多溴二苯醚对新生儿的生物学效应和健康风险。研究发现，生活在电子垃圾回收区的母亲被检测出更高的多溴二苯醚水平，而高多溴二苯醚水平又与不利的分娩结果相关，如早产、低出生体重和死产，且会影响新生儿的长期发育，证明了电子废物确实会危害人类的生殖健康。

WEEE 对人类生长产生的影响是由重金属铅的排放造成的。铅被广泛地使用在各种用途的电子设备中，会通过食物、水、空气和土壤进入生物系统，进而影响人的健康生长。霍等（Huo et al.，2007）的研究发现，电子垃圾回收过程中的铅污染已经导致周围儿童的血铅浓度高于其他地区。除此之外，在电子垃圾回收区域的各种化学污染物，如有机化合物和重金属，可以附着在 PM2.5 上，并最终转化为与 PM2.5 结合的污染物，进一步威胁人们的健康。曾等（Zeng et al.，2022）的研究发现，与电子废物有关的 PM2.5 会负面影响儿童的身高，并且与血浆中的胰岛素生长因子水平降低有关，对儿童的生长过程具有负面作用。

第三章　典型国家废弃电器电子产品回收管理情况与启示

日本、德国等国家在废物回收处理体系、相关法律法规和制度建设等方面已经相对成熟。因此，研究国外部分典型国家 WEEE 回收管理经验对我国 WEEE 回收处理体系的完善具有一定的借鉴和指导意义。

第一节　日本

一　日本立法情况

日本的垃圾处理经过 30 多年的发展，已经形成了从源头分类到终端处理的非常完善、精细化的垃圾减量化管理体系，是亚洲和全球最早实施 WEEE 回收管理系统的国家之一。目前，日本在废弃电器电子产品回收利用方面专门的立法主要有《特定家用电器再生利用法》和《废弃小型电器电子产品回收促进法》等。《特定家用电器再生利用法》于 1998 年 6 月在日本颁布，2001 年 4 月开始正式实施。最初《特定家用电器再生利用法》基于 EPR 制度，要求对电视机、洗衣机、空调和冰箱这 4 种大型家用电器进行回收再利用，且其回收利用率必须达到一定标准。2008 年 12 月，日本内阁通过了该法律的修订案，修订内容是将液晶/等离子电视机和衣物烘干机纳入回收范围，同时提升了部分电器的回收目标。2015 年 4 月，各类家电回收目标得到进一步提高，如表 3-1 所示。

表 3-1　　日本《特定家用电器再生利用法》家电强制回收目标

回收种类	回收率（%）		
	2001 年 4 月实施	2008 年 12 月修订	2015 年 4 月修订
空调	60	70	80
阴极射线管（CRT）电视	50	50	55
冰箱、冰柜	50	60	70
洗衣机	50	65	82
液晶/等离子电视机	—	50	74
衣物烘干机	—	65	82

该法律明确了家电制造商、经销商、消费者等各利益相关者对家庭废弃家电产品回收利用分担的责任和义务，从而促进废物的减量化和资源化，以有助于生活环境的保护及国民经济的健康发展。该法律要求制造商主动提高特定家电耐用性，完善特定家用电器维修体系，采用合理的零部件设计和原材料选择来尽可能降低回收废物的成本；经销商应积极为消费者提供长期使用的特定家用电器的必要信息，同时协力合作以确保安全处置废旧家电；政府应采取必要措施，推动废弃家电的收运、回收利用等领域的研究开发，并宣传成果；消费者有义务尽可能延长特定家用电器使用时间并配合回收支付相关费用；地方公共单位应当按照国家政策，采取必要措施，促进特定废旧家电的收运和回收利用。

《废弃小型电器电子产品回收促进法》是日本在废弃电器电子产品回收管理方面的另一部重要法律。该法律于 2013 年 4 月起正式实施，适用对象包括除《特定家用电器再生利用法》中指定的空调、电视机、电冰箱、洗衣机四种特定大型家电外的 28 类电器电子产品，如固定电话、移动电话、收音机、照相机、台灯等小型电器电子产品，几乎涵盖所有的家电产品（徐鹤和周婉颖，2019）。鉴于废弃小型电器电子设备中使用的金属和其他有用物品的相当一部分未经回收而废弃的情况，该法律采取措施促进废弃小型电器电子设备的回收，确保废物的适当处理和资源的有效利用，从而有助于保护生活环境和国民经济的健康发展。该法律同样明确了家电制造商、经销商、消费者等各利益相关者对家庭废弃电器产品回收利用分担的责任和义务，以协力合作确保合理处置废弃小型电器电子设备。

除此之外，日本政府注重发挥市场作用，对相关的经济政策进行了完善。为从源头上促进工业废物的减量化和资源化，日本政府开始征收产业废物税，对废物处理设备实行税收优惠政策，并设立专项资金，利用日本的非营利性金融机构为固体废物循环利用企业提供中长期优惠利率贷款（胡楠等，2018）。

二　日本 WEEE 回收管理机制

为了更好地协调 WEEE 回收整个链条中各利益相关者的责任，日本还明确设立了家电回收券中心（Recycling Ken Center，RKC），建立了完善的家电回收券系统。家电回收券系统包括两种回收运转方式。第一种是经销商回收方式，如图 3-1 所示。在经销商回收方式中，消费者需要获得回收券，并在将 WEEE 交给经销商时将回收券粘贴在 WEEE 上。该券依次跟随 WEEE 通过回收、运输等环节进入指定的配送中心进行归档，并由专人在相应的系统中记录 WEEE 的回收情况。RKC 根据回收券上的信息向 WEEE 回收和处理场所发放资金补贴。第二种是邮局转账方式，如图 3-2 所示，该方式与上述方式不同之处在于，消费者将家电处理基金和家电收集运输的费用分开，处理基金转交给邮局，再通过邮局转交给家电回收券中心进一步对处置者进行补贴，而收集运输费用交给经销商和地方政府。

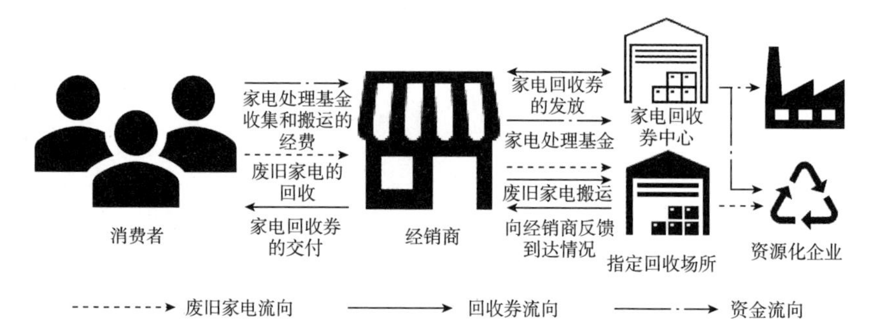

图 3-1　日本家电回收券系统经销商回收方式

资料来源：http：//www. rke. aeha. or. jp/text/rprocedure_ s. html.

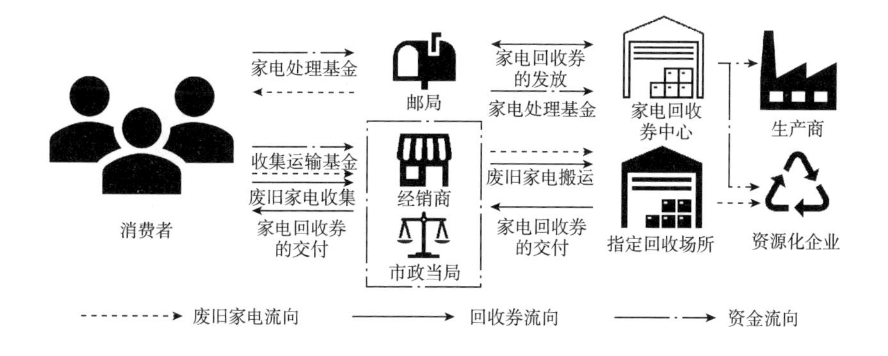

图 3-2　日本家电回收券系统邮局转账方式

资料来源：http：//www. rke. aeha. or. jp/text/rprocedure_ s. html.

第二节　英国

一　英国立法情况

《欧盟电器与电子设备废弃物指令》（以下简称 WEEE 指令）是欧盟为实现 WEEE 的无害环境管理而制定的一项立法文书，自 2003 年起生效，它为所有成员国的 WEEE 收集和回收设定了目标（Shittu et al. ，2021）。WEEE 指令的主要目标是通过再利用、处理和材料回收的方法，促进和提高环境绩效，最小化 WEEE 的产生量。作为一项欧盟指令，每个欧盟成员国须制订各种计划和策略，以达到该指令所制定的收集和循环再造目标。

英国将 WEEE 指令的大部分条款转换为 WEEE 法规，促进全面回收处理和利用 WEEE，该法规于 2007 年 7 月 1 日开始执行。英国政府发布了非法定的指导意见以支持和帮助阐明英国 WEEE 法规，并概述了法规所涵盖的产品以及不同利益相关者的义务和责任，包括生产商、出口商、分销商以及地方政府。

二　英国 WEEE 回收管理机制

在英国的 WEEE 回收管理中，生产商在一年内向市场投入的电器电子产品（Electrical and Electronic Equipment，EEE）数量小于 5 吨时，则必须在国家包装废物数据库（National Packaging Waste Database，NPWD）上注册为小型生产商；而当其一年内在市场上投入的 EEE 数量超过 5 吨时，该生产商必须加入由英国环保署批准的生产者合规计划（Producer Compliance Scheme，PCS）。生产者合规计划将为全体生产商在每个年度提供一个回收目标，并要求它们为其所销售产品的回收目标负担一部分资金。英国 WEEE 回收管理模式如图 3-3 所示。

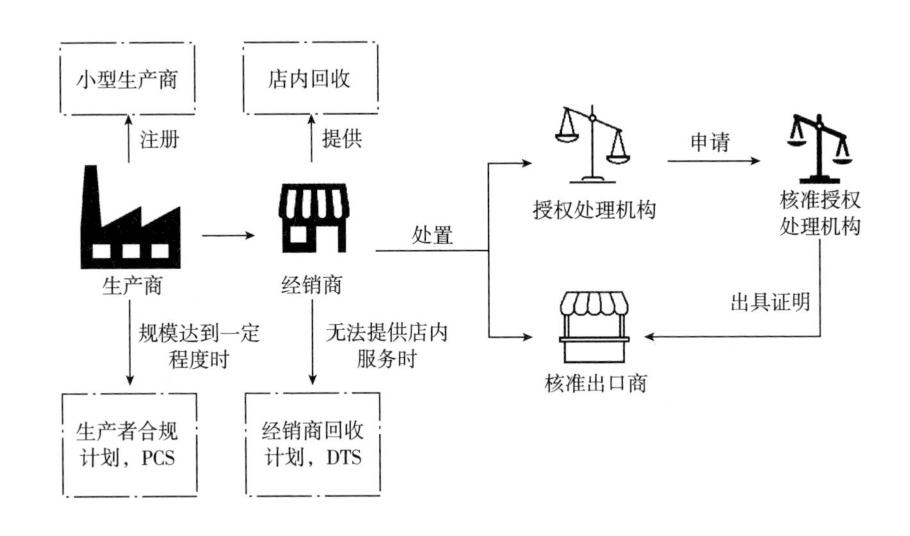

图 3-3　英国 WEEE 回收管理模式

分销商在销售电器和电子设备的过程中，有责任为消费者提供处理废旧产品的方法。分销商可以为消费者提供免费的店内回收服务，或者设置替代免费回收服务。如果分销商无法提供自己的回收服务，则需加入经销商回收计划（Distributor Takeback Scheme，DTS），并支付一定费用。该费用大小取决于分销商的规模情况，并将被用于支持地方当局所运营的回收中心。除此之外，分销商还有义务向消费者提供有关环境方面的免费书面信息，如分类方式、如何重复利用电器和电子产品、不回收废弃电器电子产品的环境影响等。

WEEE 的处置依靠授权处理机构（Authorised Treatment Facility，ATF）与核准出口商（Approved Exporter，AE）。授权处理机构须具有环境许可，且可以申请批准成为核准授权处理机构（Approved Authorised Treatment Facility，AATF），核准出口商的运营需要得到来自 AATF 的相关证明。

地方当局在法律上虽然没有收集 WEEE 的义务，但是可自愿让其家庭废物回收中心成为被认可的家庭废物回收设施（Ongondo and Williams，2011）。这些地方当局可以通过计算家庭废物回收中心收集 WEEE 的数量，判断是否达到法定回收目标。

第三节　德国

一　德国立法情况

德国依照欧盟制定的法规指令对 WEEE 进行回收管理，并在此基础上颁布了相关法案。欧盟有关电器电子废物的全面立法中，特别强调了 WEEE 指令（2002）和 RoHS 指令（2002）。WEEE 指令的核心内容包括每人每年最少 4 千克的强制回收率和按产品类别区分的回收目标。RoHS 指令规定了对铅、镉、六价铬、多氯联苯和其他物质的物质禁令，从而补充了 WEEE 指令。作为对 WEEE 指令的回应，德国于 2005 年颁布了《管理电器和电子设备的销售、退货和环保处理法案》（Rotter，2011），立法目的是防止 WEEE 的产生，促进 WEEE 的再利用、材料的回收以及其他形式的资源再生，从而减少 WEEE 含的有害物质和 WEEE 处理量。

该法案规范了回收过程中责任主体的责任范围，即产品设计的责任、收集的责任、负责协调回收的责任、处置和回收的责任、财务责任、监督和报告的责任以及负责标签和消费者信息的责任。欧盟指令明确规定了生产者负责 WEEE 的处理，然而，并没有明确定义收集责任。德国立法在 WEEE 回收过程中将家庭与其他利益主体区分开，要求公共废物管理当局为私人家庭设置市政收集点，让私人家庭成员可以免费丢弃 WEEE。除了针对私人家庭的 WEEE 市政回收计划外，生产者还可以选择建立和运营针对私人家庭的 WEEE 回收系统，但在这种模式下，生产者必须要支付额外的税收成本，来避免该系统产生的成本由政府承担。经销商可以自愿接受回收的 WEEE，并将其运送到生产者或市政收集点。除此之外，德国立法建立国家电子设备登记处（Elektro Altgeraete Register，EAR）作为电子设备处理费用的结算中心和注册机构，EAR 体系费用机制对废弃电器电子产品处理费用进行统一收集和支付，采取事后收费的模式，要求生产商按照不同产品的现有份额来承担废弃电器电子产品实际发生的处理费用（李丹，2007）。

二　德国 WEEE 回收管理机制

德国 WEEE 的收集主要由公共废物管理当局进行，经销商、生产商或拆解公司也会收集较少数量的 WEEE。回收后，产品被运送到拆解公司（Walther，2010）。这些废弃电器电子产品将被分为两部分：其中一部分用于产品的再利用。用于再利用的产品需要由公共废物管理机构或拆解公司进行测试。在经过功能测试和随后的分类后，允许被再利用的产品可以提供给二级市场直接重复使用，或用于再制造，即将产品卖给二手商或零售商，或直接卖给消费者。此外，拆解公司可以进行无损拆解，以获得可以重复利用的零部件，这些提取出来的零部件可以作为备件出售给消费者、零售商或经销商，如果生产者进行回收，也可以出售给生产者。另一部分废弃电器电子产品用于资源的再循环。公共废物管理机构或拆解公司将产品分解为有价值的材料组分和有害的材料组分，有价值的材料组分会被出售给回收公司进行进一步加工处理，成为可重新利用的资源，其他的材料必须被送至垃圾处理厂处置。

德国立法建立国家电子设备登记处（EAR）并形成了专门的 WEEE 回收系统，明确了各方的责任，如图 3-4 所示（Wang et al.，2017）。生产商负责提供相关信息，并承担部分国家分配的 WEEE 回收，在将电子产品投放德国市场之前，生产商必须在国家电子设备登记处注册，并在初次注册时以及以后每年注册时提供与其在德国市场投放的电器电子产品数量相对应的破产担保。担保的目的是防止出现如果生产商破产没有人回收生产商投放到市场的产品的情况；公共废物管理机构是法定的 WEEE 回收机构，负责从家庭收集 WEEE，并管理和运营 WEEE 收集点；消费者必须将 WEEE 分开并放置在特殊的收集容器中。如果消费者使用家庭独立的收集系统，那么消费者需要向市政府支付这项服务的全部或部分费用；经销商不能销售未在 EAR 注册的生产商生产的电子废物，并可以自愿决定是否参与电子废物回收。生产商有责任回收和处置它们生产的电器电子产品，在实践中，德国生产商通常不直接参与 WEEE 的转移、运输、加工和处置操作，而是委托加工企业进行具体操作。根据生产商与加工企业合作方式的不同，生产商在 EPR 系统中遵守法律的机制可分为两类：第一类是生产者独立遵守法律的机制，即生产者单独委托资源化企业回收其特定品牌的产品；第二类是生产者共同遵守法律的机制，即生产者加入生产者责任组织（PRO），生产者责任组织负责履行生产者的废物回收责任。最后，生产者或 PRO 将加工完成的消息报告给 EAR，EAR 记录并更新生产企业的责任履行程度。

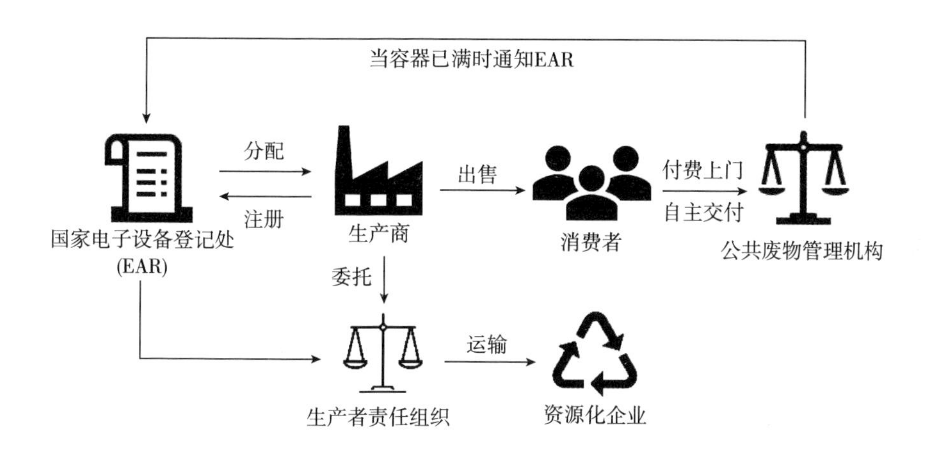

图 3-4　德国 WEEE 回收管理模式

资料来源：笔者参考了 Wang 等（2017）。

第四节　瑞士

一　瑞士立法情况

1998年，瑞士联邦环境局通过了《电子和电器设备归还、回收和处置条例》（Ordinance on the Return，the Taking Back and the Disposal of Electrical and Electronic Equipment，ORDEE），ORDEE在生产者责任延伸制度（EPR）的框架内为瑞士WEEE的回收奠定了法律基础。该条例涉及WEEE的返还、回收和处理，概述了使用者适当归还WEEE的义务，以及贸易商和制造商收回WEEE的义务，还涉及处理商处置的义务和要求以及获得处置许可证所需的条件，规定了WEEE获得在国外处置允许之前需要满足的严格条件。该立法为参与收集和回收活动的各行动者提供了一个法律框架，并创造了一个公平的竞争环境。ORDEE条例明确了在回收的过程中，各利益相关者所应承担的责任和义务（王亚亚，2012）。消费者应自行将废弃电器电子产品送至指定的处置地点，而非将其与常规生活垃圾一同处置，销售商负责回收自己所销售的产品，生产商须免费回收其制造的或相同类型的设备，政府则需要将未被消费者回收或错误回收的废弃电器电子产品正确处置。

二　瑞士WEEE回收管理机制

瑞士采用的是一种基金运营模式，消费者最终承担支付基金的责任，如图3-5所示（Wang et al.，2017）。由生产者责任组织（PRO）向生产者预收回收费（Advance Recycling Fee，ARF），该费用的具体信息在产品发票上明确标注，随后该费用通过各级经销商伴随产品发票，最终由消费者支付。预收回收费用于资助回收、运输和加工企业。因此，ARF回收标准是所有回收和拆解的费用与拆解产品价值之间的差额。为了提高基金收集/分配的透明度和减少专业人士的垄断程度，除了瑞士政府继续推动的非政府组织设立的机构外，生产者责任组织还自主建立了第三方审计体系。此外，在回收处理过程中，消费者可以通过经销商、公共场所的回收网络节点、回收设施提交 WEEE。经销商负责回收它们销售的产品，经销商也负责记录它们给消费者的发票中预收回收费的具体数额。回收网点负责对 WEEE 进行免费回收，确保回收物品不被窃取或非法跨境转移。政府负责监督整个回收系统的运行，并对 PRO 进行授权。

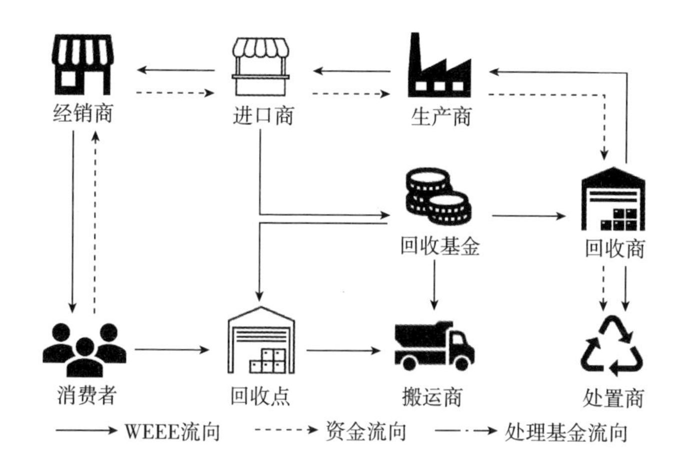

图 3-5　瑞士 WEEE 回收管理模式

资料来源：笔者参考了 Wang 等，2017。

第五节　美国

一　美国立法情况

1976 年 2 月 21 日，美国通过的《资源保护和回收法》（Resource Conservation and Recovery Act，RCRA）成为国家管理和处置固体废物和危险废物的主要法律，以解决国家因城市和工业废物量不断增加而面临的日益严重的问题。该法也是第一部专注于改进固体废物处理方式的法律。美国没有专门的 WEEE 联邦立法，因此，美国的 WEEE 立法情况是在《资源保护和回收法》的固体废物控制框架之下，各州因州而异，分别设立当地的 WEEE 管理法规。

截至 2013 年 9 月，美国已有 25 个州通过了全州范围内的电子垃圾回收法律（冯利华，2018）。其中，美国大多数州主要采用生产者责任延伸制度的形式。2010 年 5 月 28 日，纽约州签署了《纽约州电子设备回收和再利用法案》。

此外，美国加利福尼亚州和马萨诸塞州分别立法，采取了消费者预付回收费制度和政府强制回收的方法（冯利华，2018）。加利福尼亚州于 2003 年率先通过了《2003 电子废物循环法》，该法要求对消费者所购买的视频显示设备的回收处理进行规制，之后通过的《电子废弃物回收再利用法》则进一步规定，消费者在购买新的家用电器及电子产品时，需为该家用电子或电子产品的回收处理缴纳 6—10 美元的费用（唐为，2016）。马萨诸塞州在 2000 年签订了《废弃物处置禁令》，该法于当年正式生效，其立法禁止个人将废弃电器电子产品送去填埋或焚烧，而必须将废弃产品交予正规厂商回收。

总而言之，美国关于 WEEE 回收管理由州政府各自立法。大多数州基于生产者责任延伸制度、少数州采取消费者付费等方式进行立法，但也有部分州目前还没有明确的电子废物回收法案。

二　美国 WEEE 回收管理机制

2011 年 7 月，为改进电子产品设计和加强对废旧电子产品的管理，美国提出了国家电子产品管理战略（National Strategy for Electronics Stewardship，NSES），该战略目的在于为环保型电子产品的设计建立激励机制，加强国家科学技术的发展，同时确保联邦政府能以身作则，加强对废弃电子产品的安全有效管理，减少美国出口电子垃圾造成的危害，并改善发展中国家对电子废物的处置方式。该战略能够促进 WEEE 环境安全的生命周期末端（End of Life，EoL）管理，减少对发展中国家的 WEEE 出口，并鼓励电子制造业中加强生态设计等概念，目前已被美国不同州广泛采用，用于制订 WEEE 管理行动计划。

美国 WEEE 回收管理模式，包括以纽约州为代表的生产者责任延伸制度和以加利福尼亚州为代表的消费者预付费制。美国大多数州采取了生产者责任延伸制度，生产者需要承担回收责任，并且一般不可以向消费者收取 WEEE 的收集和处理费用。法律规定，全部收费和支出都进入环境保护基金，并且对未完成回收任务的生产商、回收商的不当处理行为以及个人消费者随意丢弃行为等事项征收费用。WEEE 处理的资金模式将生产者作为 WEEE 回收成本的负担者，在此基础上让生产者履行了注册、标识、报告、收集、回收等多项义务。

在纽约州，生产商应当承担 WEEE 的回收费用，如图 3-6 所示。生产商在出售某项电子设备时，需要先向有关部门进行注册登记，并缴纳登记费，否则将无法出售或提供法案中所涵盖的电子设备。在回收过程中，生产商接收来自消费者的旧电子产品，且不能向消费者收取相关费用，同时需达到一定回收目标，未达到目标的制造商需缴纳回收附加费，该回收附加费随回收量的下降而升高。

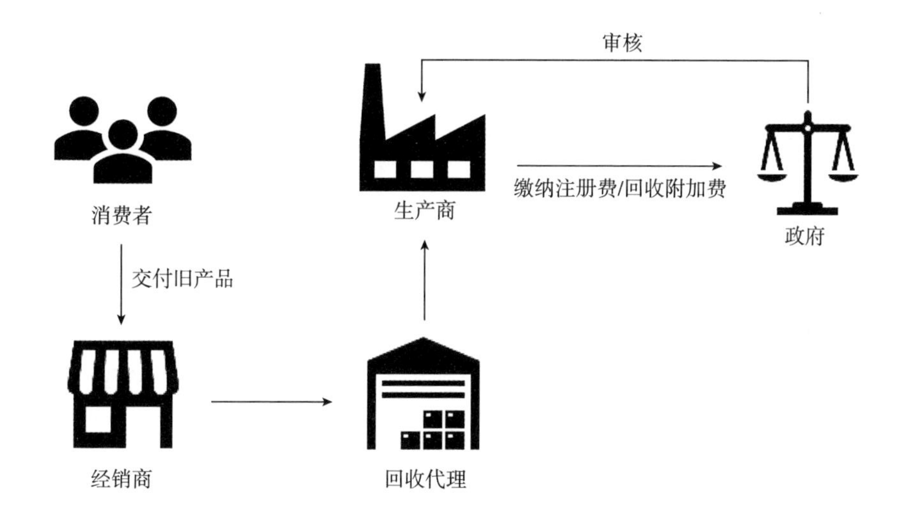

图 3-6　美国纽约州生产者责任延伸模式

与纽约州不同，加利福尼亚州采取消费者预付费方式对 WEEE 进行回收，如图 3-7 所示。加利福尼亚州的 WEEE 回收是由消费者在购买立法涵盖的电子设备时，以可见的方式向经销商支付，根据电子产品屏幕尺寸的大小确定收费标准，经销商将收取的回收费转交给公平委员会（State Board of Equalization，BOE），该机构将此笔基金存入加利福尼亚州统一垃圾管理基金设立的电子回收账户（Electronic Waste Recovery and Recycling Account，EWRRA）。除了回收费之外，该账户的资金来源还包括对违反 WEEE 处理强制性规定的生产商、经销商、回收站点经营者、集中回收者、集中处理者和消费者征收的罚款，并且账户上产生的任何收益都必须通过储蓄的方式留存在该账户上，以备各类合法支出。资源化企业在毒性物质管理部（Department of Toxic Substances Control，DTSC）和有关部门的共同审核下申请补贴。

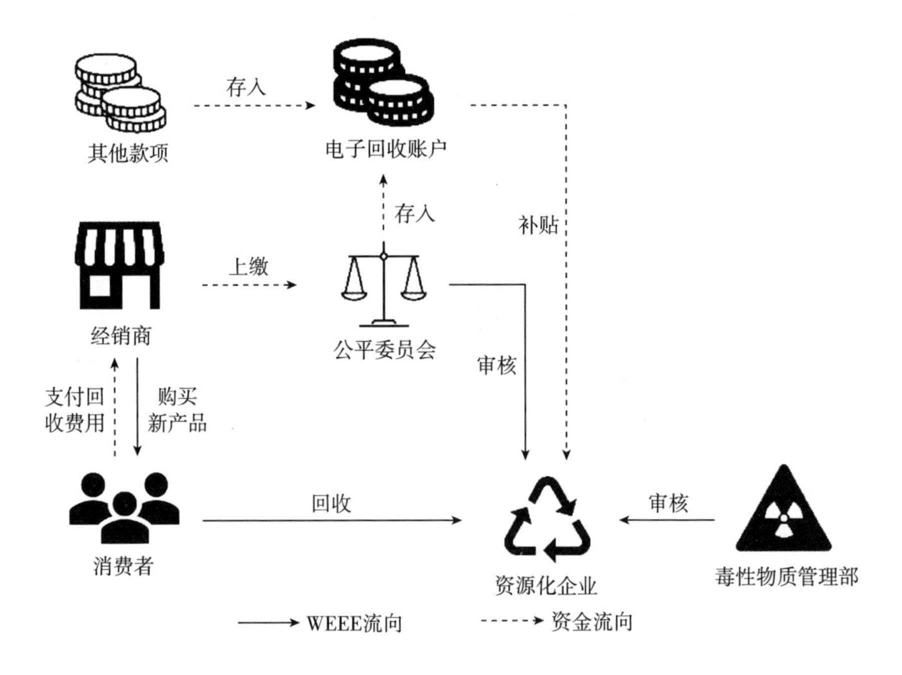

图 3-7 美国加利福尼亚州消费者预付费模式

第六节 经验与启示

一 国外 WEEE 回收管理经验

（一）完善的法律体系

多数发达国家和地区的废弃电器电子产品回收建立在生产者责任延伸制度的基础上，并借助于行业和市场的力量建立起专业规范的回收网络来实现 WEEE 的有效回收。在立法过程中，明确生产商、零售商、处理商、消费者等不同角色的各方责任，基于不同角色的责任进行明确分工，同时建立起完善的法律条文和管制机制。

（二）基于 EPR 专业规范的回收网

从发达国家的经验来看，建立专业规范的 WEEE 回收网络，对 WEEE 的回收利用产生了极高的促进作用。不同国家的回收网络，主要从消费者预付费和生产者责任延伸两个角度建立。其共同点在于都明确了不同角色的责任，对于回收网络内的各方都有明确的分工与正向的激励措施，且建立了完善的市场机制。不同点在于不同国家都有自己独特的回收机制，如日本的家电回收券机制、美国加州的电子回收账户。这种符合国家特色的 WEEE 回收管理机制的建立，极大地推动了 WEEE 回收处理的市场化发展，也为未来的发展提供了助力。

（三）多利益相关者共同参与机制

WEEE 有效回收管理涉及多个利益相关者，每个利益相关者都须履行相应的职责和义务，无法只依托某个利益相关者来实现。因此，明确各利益相关者的职责就显得尤为重要，如瑞士《废旧电器电子管理法令》等相关法律政策都对生产和销售的各个环节进行了职责明确的划分。通过制定相关法律来规范各行业的行为，让法律的准则来制约所有参与其中的要素。由此，各个环节相互配合，每个利益相关者都积极参与回收工作，尽到个体责任，通过共同努力，推动回收处理工作的高效运行。同时，很多国家都将参与到其中的各利益相关者纳入了 WEEE 回收处理系统中来。通过多个利益相关者共同参与，将生产、消费等环节进行妥善的连接，有效地提高了 WEEE 回收处理的效率和效果。

二 对我国的启示

（一）完善法律体系

我国 WEEE 回收处理发展相对滞后，完善的回收体系并没有建立起来。发达国家在这方面发挥市场和政府的主导作用，建立了一套完善的回收体系。发达国家先进理念和实际操作，对我国建立完善的回收体系具有重大的启示。当前，我国已经逐步颁布了《废弃电器电子产品回收处理管理条例》《家电“以旧换新”实施办法》《废弃电器电子产品处理基金征收使用管理办法》《生产者责任延伸制度推行方案》等多项法律法规。随着各项政策的实施，我国的废弃电器电子产品回收处理行业正在向着正规高效的方向不断迈进。加强 WEEE 回收管理是我国生态文明建设与迈向“双碳目标”的重要一环，但我国目前还没有建立明确的电子产品管理战略，缺乏对 WEEE 回收管理的长期规划，专门的电子产品管理规划可以对完善 WEEE 回收体系起到重要的作用，也会很大程度上促进 WEEE 回收行业的发展。除此之外，政府还需进一步加大打击力度，对于违反规定的行为进行严厉打击。做好宣传工作，提高全社会的环保意识。通过向在该领域比较先进的国家借鉴和学习，制定更加有针对性的条例，实现政府和市场的有机协调，从而建立起更加完善的回收体系。

（二）完善 WEEE 回收网络

当前我国已经建立了政府主导型的以旧换新回收模式、生产商回收模式、生产商联合回收模式、第三方物流回收模式等多种回收体系，经过不断地努力，我国在 WEEE 回收方面也取得了很大的进展。我国管理机制的特色在于充分发挥了政府的协调与统领作用，在 WEEE 回收运营方面建立了一定的体系，将 100 多家企业纳入了废旧电器处理基金补贴范围，然而在发挥市场机制的作用方面还有进一步提升的空间，我国尚未建立专门的 WEEE 基金账户或国家电子设备登记册，仍需建立明确的 WEEE 基金管理机制。建立明确的 WEEE 基金管理机制，一方面，可以让 WEEE 产业链中的资金流更加明晰，形成完善的资金管理系统；另一方面，也可以更便捷地监察WEEE产业信息。我国可以借鉴发达国家的管理经验，如日本的回收券、瑞士的回收基金等不同种方式，立足我国现状，建立具有我国特色的WEEE回收市场与资金网络，充分发挥好政府和市场的协调作用，制定更加有针对性的回收模式，实现政府和市场的有机协调，从而建立起更加完善的回收网络。

（三）明确各利益相关者责任

我国已经成为电器电子产品的生产大国、消费大国和废弃大国，各利益相关者在废弃电器电子产品回收行业都有大量的物质与资金流动。通过对一些发达国家的借鉴和学习，了解其先进的管理理念，不难发现，目前我国各利益相关者责任并不明晰。因此，可以进一步发动回收行业内人员，扩大回收网络的涵盖人群；可以充分发挥好回收行业协会的积极作用，让符合法律规定的回收企业在行业协会的监督下合理运行；赋予行业协会一定的职能，让行业协会代表行业的整体价值；同时，回收行业协会作为相关企业与政府的桥梁，可以促进两者之间的沟通，从而帮助行业更加健康有序地发展。

第四章　废弃电器电子产品回收体系现状及问题

第一节　废弃电器电子产品回收体系现状

研究废弃电器电子产品循环产业链，需要识别链条上涉及的不同利益相关者。明晰利益相关者的社会行为特点，是建立和推行基于生产者责任延伸制度的回收体系的前提，利益相关者在构建废弃电器电子产品全生命周期追溯体系中承担功能性角色。本章通过文献归纳、政府咨询、企业调研和消费者调查等方式，了解如今中国废弃电器电子产品回收发展状况，主要包括废弃电器电子产品回收处理的政策环境、回收模式、回收成效和居民参与度等信息。通过上述的研究分析，可以辨别出中国当前废弃电器电子产品回收处理存在的主要问题。

一　政策环境

我国已经成为电器电子产品的生产大国、消费大国和废弃大国。针对 WEEE 回收处理问题，我国从 2009 年开始发布了相关的条例。2009 年 2 月国务院发布了《废弃电器电子产品回收处理管理条例》（以下简称《条例》）。《条例》确定了废弃电器电子产品目录制度、处理企业资质许可制度以及基金制度。其中，基金制度是我国电器电子产品实施生产者责任制度的重要体现。同年 6 月，《家电“以旧换新”实施办法》在上海市、北京市、山东省等 9 个省市进行试点推行，并在 2010 年 6 月公布了《家电“以旧换新”实施办法（修订稿）》。2012 年 5 月出台了《废弃电器电子产品处理基金征收使用管理办法》，并在 7 月 1 日开始正式执行，该制度规定对生产者和进口商按销量征缴处理基金，并明确以微型计算机、电视机、洗衣机、电冰箱、空调（“四机一脑”）五种产品为收缴对象，基金政策按照产品类型和数量对处理商的拆解流程实施补贴（牟新娣，2016）。我国 WEEE 处理基金制度如图 4-1 所示。

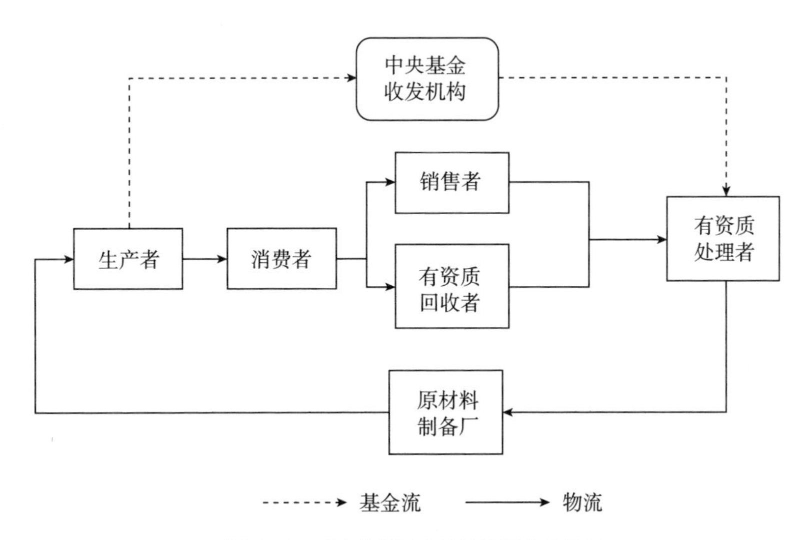

图 4-1　我国 WEEE 处理基金制度

2014 年，环境保护部、工业和信息化部又联合出台了《废弃电器电子产品规范拆解处理作业及生产管理指南（2015 年版）》以及一系列相关配套政策。2015 年，国家发展改革委、工业和信息化部、环境保护部、财政部、税务总局、海关总署联合公布了《废弃电器电子产品处理目录（2014 年版）》，于该目录中，WEEE 处理名录增加到了 14 种。关于目录外的电子废物，根据 2007 年公布的《电子废物污染环境防治管理办法》（总局令第 40 号）实行名录管理。2016 年 1 月，国家发展改革委同工业和信息化部等 8 个部门在电器电子产品污染控制方面发布了《电器电子产品有害物质限制使用管理办法》（以下简称新《办法》）。在原有的《电子信息产品污染控制管理办法》基础上，新《办法》扩展了有害物质的范围，并进一步完善了产品有害物质控制使用的管理模式。废弃电器电子产品的拆解产物，比如线路板，作为危险废物，其处理应满足《危险废物经营许可管理办法》的规定。在废弃制冷器具中，对于制冷剂的回收和处置应遵循《消耗臭氧层物质管理条例》的规定。工业和信息化部从2016年开始强力推进绿色制造，在绿色制造管理体系中把产品全生命周期绿色供应链纳入其中。国务院办公厅于2016年年末公布了《生产者责任延伸制度推行方案》。此外，工业和信息化部、商务部、财政部和科技部展开了电器电子产品生产者责任延伸制度试点，引导生产企业参与废弃产品回收处理体系的建立，探索生产者责任延伸制度的激励机制。通过各项政策的落实，我国废弃电器电子产品处理行业向制度化、规模化、绿色化、产业化和资源化方向快速发展。另外，2020年《中华人民共和国固体废弃物污染环境防治法》的修订非常重要，其中第66条规定，国家建立车用动力电池、电器电子、铅蓄电池等产品的生产者责任延伸制度。表4-1从8个层面（宏观法律法规、基础政策、目录制度、资质许可制度、规划制度、基金制度、生产者责任延伸制度以及污染控制政策）整理了我国废弃电器电子产品管理的相关法律法规。

表4-1　　WEEE管理相关法律法规

政策层面	政策文件	颁发部门	颁发时间
宏观法律法规	《中华人民共和国环境保护法》	全国人民代表大会常务委员会	1989年
	《中华人民共和国固体废物污染环境防治法》	全国人民代表大会常务委员会	1995年
	《中华人民共和国清洁生产促进法》	全国人民代表大会常务委员会	2003年
	《中华人民共和国循环经济促进法》	全国人民代表大会常务委员会	2008年
基础政策	《废弃家用电器与电子产品污染防治技术政策》	国家环保总局、科技部、信息产业部、商务部	2006年
	《电子信息产品污染控制管理办法》	信息产业部、国家发展改革委、商务部、海关总署、工商总局、质检总局、国家环保总局	2006年
	《电子废物污染环境防治管理办法》	国家环保总局	2007年
	《废弃电器电子产品回收处理管理条例》	国务院	2009年

续表

政策层面	政策文件	颁发部门	颁发时间
目录制度	《废弃电器电子产品处理目录（第一批）》《制定和调整废弃电器电子产品处理目录的若干规定》	国家发展改革委、环境保护部、工业和信息化部	2010 年
	《废弃电器电子产品处理目录（2014 年版）》	财政部、环境保护部、国家发展改革委、工业和信息化部、海关总署、国家税务总局	2015 年
资质许可制度	《废弃电器电子产品处理资格许可管理办法》	环境保护部	2010 年
	《废弃电器电子产品处理企业资格审查和许可指南》	环境保护部	2010 年
规划制度	《关于组织编制废弃电器电子产品处理发展规划（2011—2015）的通知》	国家发展改革委、环境保护部、工业和信息化部、商务部	2010 年
	《废弃电器电子产品处理发展规划编制指南》	环境保护部	2010 年
基金制度	《废弃电器电子产品处理基金征收使用管理办法》	财政部、环境保护部、国家发展改革委、工业和信息化部、海关总署、国家税务总局	2012 年
	《废弃电器电子产品处理基金征收管理规定》	国家税务总局	2012 年
	《关于进一步明确废弃电器电子产品处理基金征收产品范围的通知》	财政部、国家税务总局	2012 年
	《关于完善废弃电器电子产品处理基金等政策的通知》	财政部、环境保护部、国家发展改革委、工业和信息化部	2013 年
	《废弃电器电子产品处理基金补贴标准》	财政部、环境保护部、国家发展改革委、工业和信息化部	2015 年

续表

政策层面	政策文件	颁发部门	颁发时间
生产者责任延伸制度	《关于开展电器电子产品生产者责任延伸试点工作的通知》	工业和信息化部、财政部、商务部、科技部	2015 年
	《生产者责任延伸制度推行方案》	国务院	2016 年
	《中华人民共和国固体废物污染环境防治法》（2020 年修订）	全国人民代表大会常务委员会	2020 年
	《关于完善废旧家电回收处理体系推动家电更新消费的实施方案》	国家发展改革委、工业和信息化部、财政部、生态环境部、住房城乡建设部、商务部、市场监管总局	2020 年
污染控制政策	《电器电子产品有害物质限制使用管理办法》	国家发展改革委、工业和信息化部、科学技术部、财政部、环境保护部、商务部、海关总署、质检总局	2016 年
	《电器电子产品有害物质限制使用达标管理目录（第一批）》	工业和信息化部	2018 年
	《电器电子产品有害物质限制使用合格评定制度实施安排》	市场监管总局、工业和信息化部	2019 年

二　回收模式

废弃电器电子产品的回收涉及千家万户，目前已经形成了相对固定的回收渠道。商务部等有关部门一直以来也在积极地引导和规范回收行为。目前，我国已建立多渠道回收体系，包括：个体回收和二手电器市场；销售企业设立的以旧换新（线上和线下）等回收渠道；处理企业自建渠道回收（包括处理企业主动上门回收、机关企事业单位或个人消费者主动交投等）；地方政府建立的回收渠道；电器回收商回收渠道等，如图 4-2 所示（中国家用电器研究院，2018）。

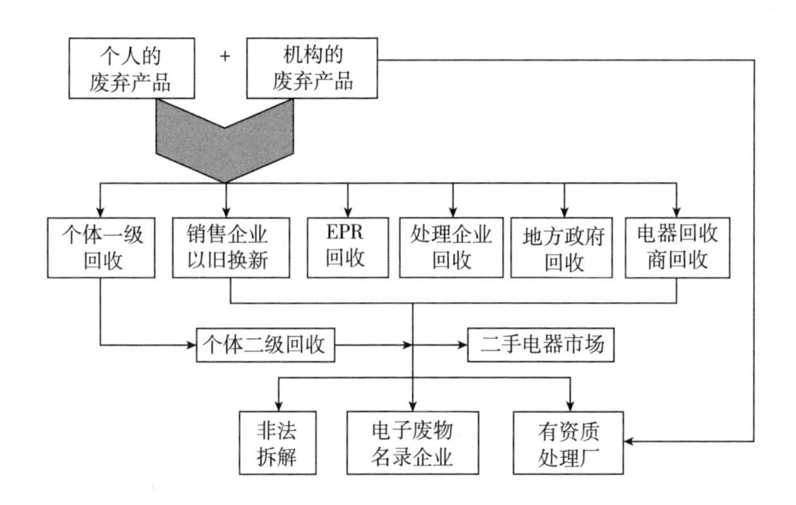

图 4-2　我国废弃电器电子产品回收渠道

资料来源：中国家用电器研究院（2018）。

我国废弃电器电子产品回收的发展经过三个阶段。一是以“穿堂过户”的个体经营者回收为主体的传统收集模式，这种模式是 2009 年前再生资源的主要回收模式，至今仍有顽强的生命力。二是由零售商和制造商为主导的家电“以旧换新+政策补贴”回收模式，主要出现在 2009—2011 年。虽然政府对家电以旧换新的财政补贴政策已经废止，但仍是零售商和制造商营销家电的一种有效手段，只是把政策补贴改为在保证旧家电被指定回收者收集的前提下，把旧家电折合成一定的金额，可以扣除购置新家电的部分费用。三是以传统个体回收与新型多渠道回收相融合的回收模式，特别是在 2012 年以后借助互联网技术的废弃电器电子产品回收模式，已经成为废旧家电回收的主流模式。部分规模较大的废旧家电处理企业与相关网站合作，使用电商平台、微信、手机 App 等实现回收商、消费者、企业和政府的共享共用，并构建“互联网+分类回收”的回收体系，建立废弃电器电子产品回收和处理的新型模式。在绿色发展和互联网技术的推动下，开展废弃电器电子产品回收的主体呈多元化发展趋势。回收主体有生产企业和销售企业，例如格力根据市场情况积极开展回收模式创新并建有 5 家处理企业，国美的国美管家开展一系列线上线下相融合的以旧换新回收活动等；也有处理企业，例如格林美开展线上回收业务；再有专业的回收公司，例如爱博绿、有闲有品和爱回收等对再生资源进行线上回收；还有地方政府主导的绿色回收，例如北京市节能环保中心开展的节能超市绿色回收。通过建立多样化的回收平台，不仅规范了废弃电器电子产品回收行业的发展，而且还提高了消费者的信任度和参与度（周雅雯，2018）。

目前，我国的 WEEE 回收融合了多种回收模式。本书将其归纳为三个类别：①传统回收模式；②互联网回收模式；③生产者责任延伸制度下的回收模式。

（一）传统回收模式

传统回收模式渠道拥有个体商贩回收、维修服务商回收、回收站回收以及销售商回收 4 种模式，如图 4-3 所示。

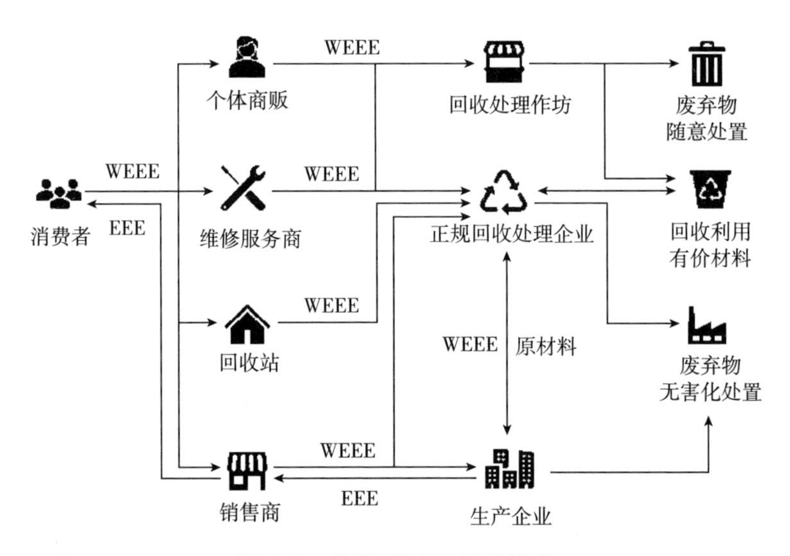

图 4-3　传统 WEEE 回收模式

1. 个体商贩回收

个体商贩回收属于非正规回收，通常是指走街串巷，俗称“游击队”的流动商贩回收模式，这种回收模式仍然是我国 WEEE 回收的主力军，是正规回收的主要竞争因素（蔡毅和田晖，2016）。对于冰箱、空调、电视机等大型 WEEE，个体商贩会开着卡车、面包车或三轮车，游走在各个街区，实施“高价回收”，并提供一对一上门服务。

对于微型计算机、手机等小型 WEEE，多数个体商贩常常汇集于不同城市的闹市区，并通过“高价回收手机”指示牌的方式来吸引路人回收电子产品。个体商贩回收的 WEEE 一部分流入回收处理作坊，另一部分流入维修服务商手中，还有一部分流入了正规回收处理企业。

2. 回收站回收

回收站主要是指由政府与回收企业合办的社区回收站点或废品收购站，受到工商局、商委、城市管理委员会等主管部门协同监督，需要缴纳管理费用和税款。这种模式结合街道管理、社区管理、小区物业管理和垃圾分类投放管理的实际情况，设定回收站的具体位置，并配备有经过统一培训、持证上岗的废品收购员，并在显著位置公示其联系方式。消费者可自行将废品送至固定站点进行回收，也可拨打废品收购员电话咨询 WEEE 回收价格并预约上门回收。回收站收集到的 WEEE 将由具有统一标识的专业物流车运输至正规处理企业进行后续处理。

3. 维修服务商回收

全国各个城市都有电器电子产品的维修店，居民可以将 WEEE 送到售后服务点或者维修站进行维修，若产品已报废无法继续使用，部分维修站会将其收购并送往回收处理作坊或者正规回收处理企业。各种各样的小型维修店回收也是我国如今较为常见的回收模式（蔡毅和田晖，2016）。除此之外，也有部分个体商贩将已经回收的 WEEE 直接出售给个体维修站，将可再利用的零件拆解，尤其是对于更新换代较快的电器电子产品。这种回收模式中，小型维修店的回收正规性没有保障，它们为了提高利润，会将拆解出的不具回收价值的材料当作普通垃圾直接丢弃，危害环境。

4. 销售商回收

销售商回收模式主要是以旧换新的方式，始于 2009 年的家电以旧换新政策。在国家政策资金补助和支持下，政策内的回收体系逐渐得到完善，并产生了由生产者、拆解处理企业、回收企业和消费者构成的政策内的回收体系，形成了政策内与政策外的回收体系交叉共存的回收模式。目前，各大家电连锁卖场也不时举办以旧换新的活动，对自己所销售的产品进行阶段性和选择性的回收，以在销售淡季增加销售量，最后将回收的 WEEE 交由生产商或者正规回收处理企业进行规范化处理和再利用。此回收模式涵盖范围广，具有直接联系消费者的优点，在送新品上门的同时能取回已经淘汰的旧家电，减少了消费者的时间成本与运输成本。

（二）互联网回收模式

近年来，互联网回收模式不断更新迭代，本书归类总结出三类模式，分别是基于大数据的回收模式、多主体合作回收模式和与垃圾分类相结合的回收模式。

1. 基于大数据的回收模式

近两年，新冠肺炎疫情倒逼我国的数字化发展，WEEE 循环产业相关企业为提高运营效率，也不断开拓数字化技术，一些企业构建了基于大数据的回收系统。比如，上海新金桥环保有限公司建立了电子商务、物联网等信息化技术相融合的回收管理系统。该模式以优化算法和业务流程为底层，集 GIS 技术、计算机网络于一体，数字化技术应用在回收网络体系的业务管理和决策支持系统中，能够聚集智能设备、回收网点以及大数据中心，实现整体运营数据的信息化，将前端的回收与后续的再生处理环节相衔接，实现电子废物从收运、拆解、资源再利用至最终出库的全过程监管，使电子废物回收处理链全程可追溯、可验证。该模式如图 4-4 所示。

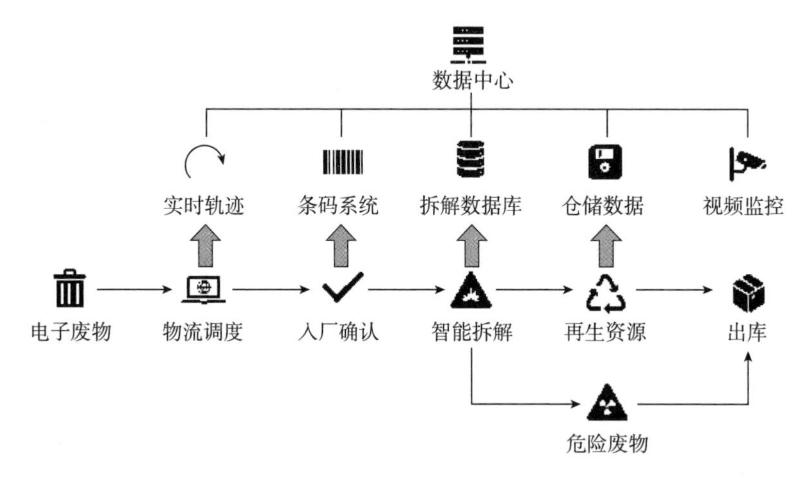

图 4-4　基于大数据的回收模式

2. 多主体合作回收模式

WEEE 循环产业链涉及多个利益相关主体，在互联网回收的背景下，一些企业发展出多主体合作回收系统。比如，爱博绿环保科技有限公司为 C（Consumer）端消费者以及 B（Business）端生产企业、销售企业、电商平台提供废旧家电回收服务。爱博绿建立可追溯的信息化管理系统，实现前端信息流通，中端进行资源整合及回收分拣，后端资源处置的循环产业链全信息化保障。爱博绿与苏宁易购、国美、京东等电商平台、生产企业以及销售企业合作，建立“收收”下单系统整合企业回收信息，为企业及消费者提供上门回收服务。其中包括为家电生产、销售企业提供以旧换新服务，为生产企业提供生产者责任延伸服务，完成其逆向物流环节。该模式如图 4-5 所示。

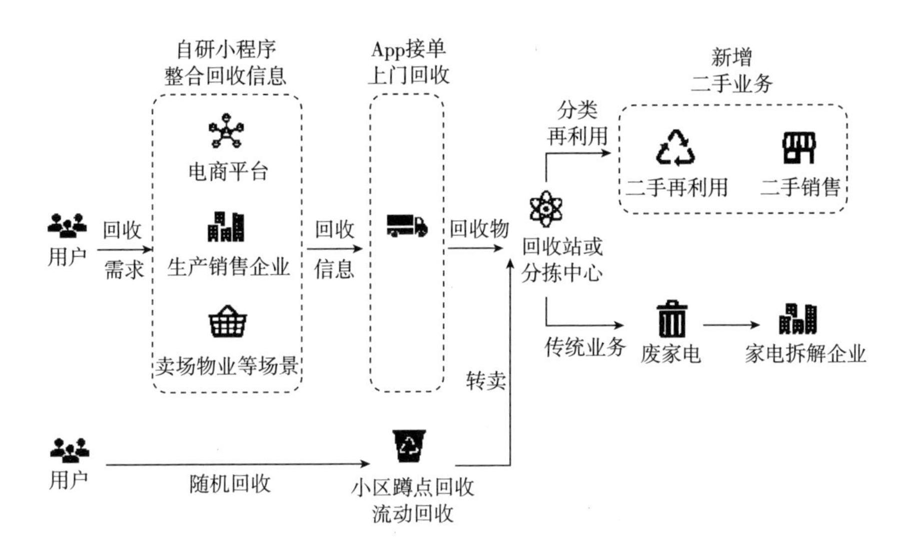

图 4-5　多主体合作回收模式

3. 与垃圾分类相结合的回收模式

在垃圾分类不断推进的背景下，互联网回收领域也衍生出与垃圾分类相结合的回收模式。该模式将互联网回收与垃圾分类相结合，采取设立智能回收箱、预约上门取件等方式，将废弃电器电子产品纳入生活垃圾分类网络进行回收。如今，北京环卫集团利用互联网技术，摸索出废旧物资回收和垃圾清运“两网”融合发展的垃圾处理智能化技术分类管理模式。选取智能回收硬件—居民账户—互联网平台模式，在社区装置智能化可收集数据的废旧物资投递回收柜和厨余收纳桶，构建“e资源”垃圾智慧分类综合服务平台，同时添加在线预约、上门回收、积分奖励、增值服务多项模块，实现对居民主动投递的行为进行有奖回复、实时发布垃圾分类数据以及实时查询垃圾分类去向等功能（罗伟，2017）。该模式如图4-6所示。

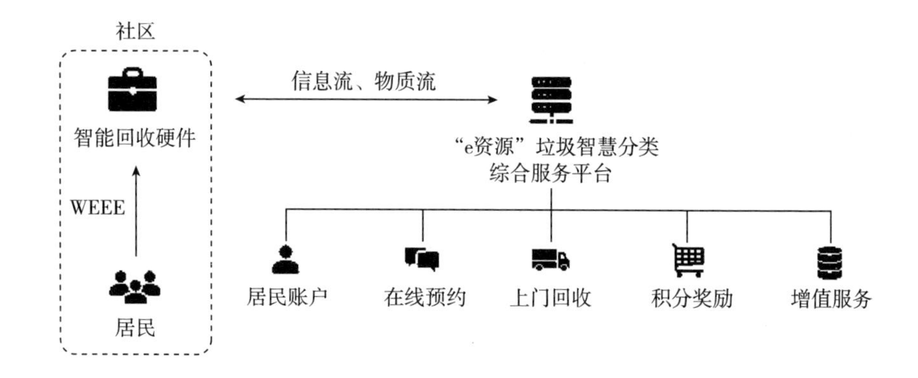

图4-6　与垃圾分类相结合的回收模式

（三）生产者责任延伸制度下的回收模式

我国政府重视在电器电子产品领域实行生产者责任延伸制度，并展开EPR试点。主要的回收模式包括生产者自建回收处理体系和生产者与第三方联合建立回收处理体系。

1. 生产者自建回收处理体系

生产者自建回收处理体系是强调电器电子产品生产企业遵循有关法律法规要求，或依照企业的需要建立回收处理体系，对WEEE进行回收和处理，并承担相关的成本和责任。生产者主要是开发WEEE回收、拆解、再利用业务。通过拆解分离出大量可以再利用的零部件和原材料再将其投入生产基地，如图4-7所示。在这种模式下，企业不会依靠外部资源，产品的回收和处理均能独立实现。比如，格力集团按照市场境况，积极开展创新回收模式，构建格力集团特有的WEEE

新型回收系统。在销售端，持续开展以旧换新活动，以空调品类为起点，拓展“四机一脑”全品类；在回收端，格力集团结合遍布全国的15个生产仓储基地及逆向物流体系的优势，实现产品上门取货服务，为消费者提供专业、环保的产品回收平台；在处理端，格力构建了五大再生资源环保处理基地，对WEEE进行规范的拆解处理。基于此打造安全、可控、自主、绿色“一条龙”回收体系，持续促进家电更新升级。这种方式既能够提高回收处理效率、优化处理技术，又能够打通产品全生命周期产业链，实现再生原料的循环使用（中国家用电器研究院，2019）。

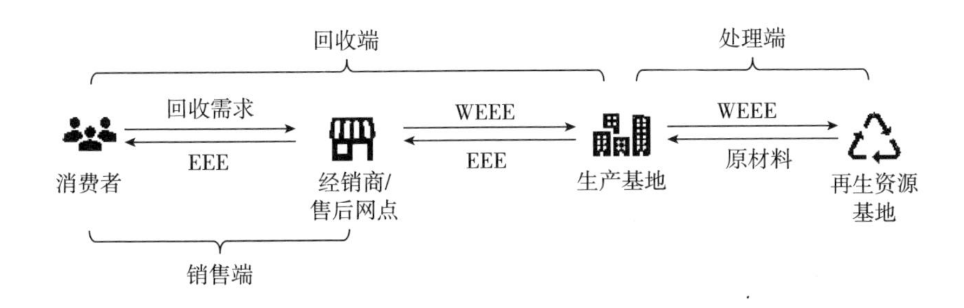

图4-7　生产者自建回收处理体系

2. 生产者与第三方联合建立回收处理体系

对于大部分生产者而言，自建回收处理体系需要足够的资金和技术支持，困难比较大，因此与第三方回收处理企业共同建立产品全生命周期供应链是更实际可行的方式，如图4-8所示。例如，联想官方商城线上平台将以旧换新服务直接与回收企业对接，消费者的回收需求信息通过联想的线上平台传递给回收企业，回收企业提供旧机估值和上门回收等业务，并把回收后的废弃电器电子产品给予合作的处理企业实现资源化利用。这种模式既有利于生产者追踪废弃电器电子产品的回收、处理过程和流向，实现全局把控，也有利于带动回收处理企业的发展，是现阶段我们推荐生产者尝试的一种模式。

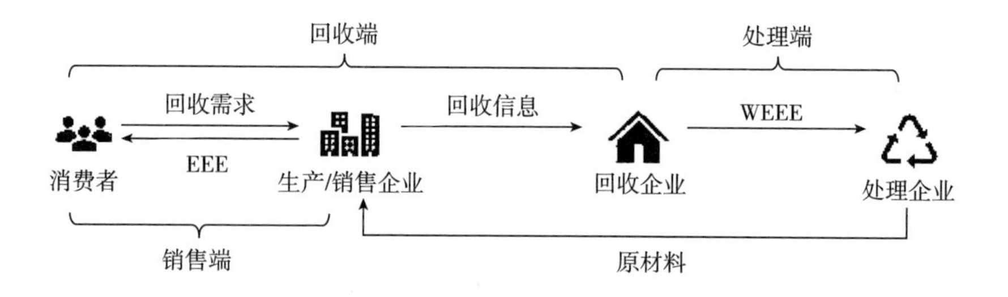

图 4-8　生产者与第三方联合建立回收处理体系

三　回收成效

经过不断的努力，我国在 WEEE 回收方面取得了很大的进展（吴尚昀，2022）。2012 年我国首次采用日报方式，对 WEEE 处理企业的运营状况实行信息化管理。我国在 2016 年率先全面应用物联网信息技术和视频监控手段，完成对 WEEE 处理企业运行全过程无死角实时动态监控。与此同时，引进第三方专业机构审核机制开展企业标准化管理、清洁生产审查、危险废物属性鉴定、税务审计和环评。除此之外，在标准化管理的引领下，WEEE 回收所带来的社会效益和资源环境效益明显（杨立群等，2019）。

（一）废弃电器电子产品回收量逐年增长

我国废弃电器电子产品回收量逐步上升。按照工业和信息化部发布的数据，截至 2019 年年底，微型计算机、电冰箱、洗衣机、空气调节器和电视机的回收总量为 1.71 亿台，同比增加 3.3%，约合 390 万吨，同比增加 2.6%。近几年回收数据显示，我国首批目录产品的回收量从 2014 年的 313.5 万吨，增长到 2019 年的 390 万吨，增长率为 24.4%，以 4.88%的年均增长率的趋势逐年稳步增长（如图 4-9 所示）。截至 2020 年年底，废弃电器电子产品处理基金补贴企业名单中，废弃电器电子产品拆解处理企业有 109 家。随着市场的发展，企业相互竞争日益激烈，资质企业之间分化尤为突出，北京市再生资源利用开发集团有限责任公司（北再生集团）、北京控股集团有限公司（北控集团）等有能力的企业采取兼并、控股等手段进入行业，桑德集团、中再生集团、格林美公司等多家集团公司逐步成为行业龙头，并将业务延伸到多个地区，产业集中度加强。资质企业处理量进一步增加，装备技术水平及行业管理得到提高。随着补贴标准的变更，处理品类也由废电视机一种类型独大向多元化趋势发展，废空调、废洗衣机、废冰箱等白色家电类拆解数量增加得尤为明显（商务部，2018）。

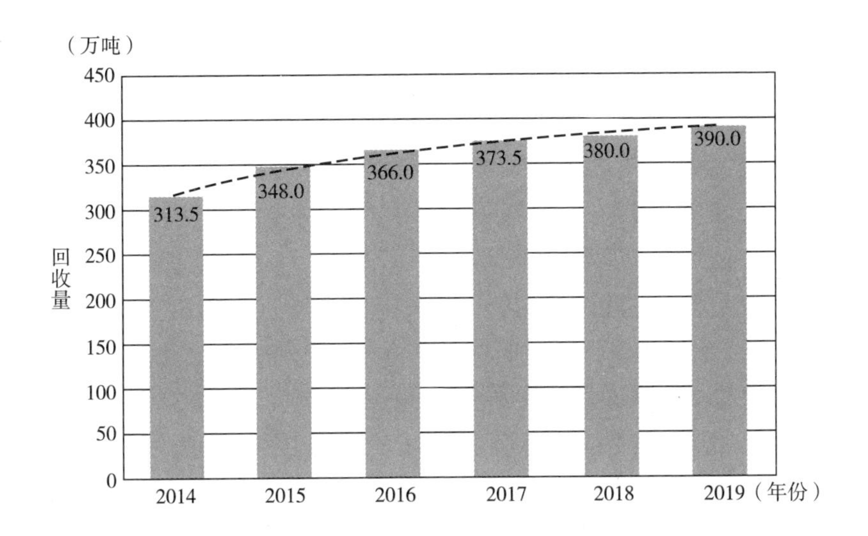

图 4-9　2014—2019 年我国首批目录产品回收情况

资料来源：商务部（2018）。

（二）回收标准体系不断完善

伴随废弃电器电子产品回收处理行业的不断发展，对 WEEE 处理标准的需求也在不断增加。中国家用电器研究院联合生产者责任延伸试点企业、行业协会和研究机构等，打造生产者责任延伸产业技术创新合作，并带头制定和发布了一系列电器电子产品绿色供应链管理团体标准，如《电器电子产品绿色供应链第 5 部分：回收与综合利用》，为生产企业建立相关废弃产品回收处理体系给予标准支撑。

（三）资源效益与环境效益显著

废弃电器电子产品有着污染性和资源性的双重属性，既是“环境炸弹”，也是“身边矿山”，规范拆解处理既可以提供再生资源又可以减少对环境的危害。图 4-10 是 2014—2018 年 WEEE 处理产生的资源效益（中国家用电器研究院，2018）。根据《2020 全球电子废弃物检测报告》，2019 年全球产生的 5360 万吨电子垃圾中，可回收的贵金属（主要来自铁、铜、金）价值为 570 亿美元（Forti，2020）。依据中国家用电器研究院公布的《中国废弃电器电子产品回收处理及综合利用行业白皮书 2018》，2018 年废弃电器电子产品处理量约为 7900 万台，处理重量约为 208. 3 万吨，相当于回收铁 53. 6 万吨、铜 5. 0 万吨、铝 2. 6 万吨、塑料 40. 6 万吨。

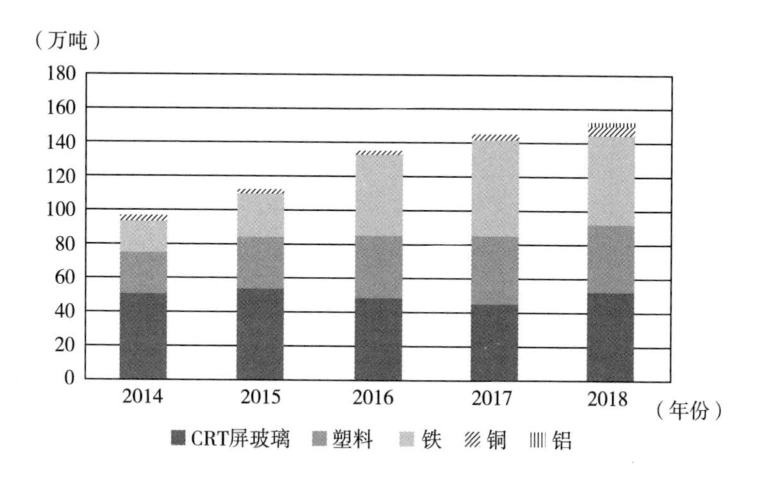

图 4-10　废弃电器电子产品处理的资源效益

资料来源：中国家用电器研究院（2018）。

另外，规范拆解还可减少温室气体的排放。废电冰箱和废空调器的含氟制冷剂能够破坏大气臭氧层并产生温室气体。根据中国家用电器研究院调研测算，2018 年废空调器拆解处理约 260 万台。制冷剂分销企业天津澳宏，与 50 多家处理企业合作回收 R_{22}（氟利昂-22）房间空调器制冷剂 450 吨，相当于减少 76. 5 万吨二氧化碳的排放量，同比增加 139%。

（四）产品附加值不断提升

由于受市场大宗产品回收价格波动影响，大部分处理企业采取延长产业链，对废物实行深加工，提高产品的附加值，同时加强资源的可持续化。通过调研分析，多数处理企业都以不同方式开展深加工活动，其中以废旧线路板和塑料外壳等产品为主。因此，对于稀贵金属提取、废旧线路板处理和再生塑料改性等方面的技术设备有了更高的要求，个别处理企业也将与科研院及高校进行合作走自主研发道路，研制符合本身生产现状的技术设备，其中部分设备已成功在行业内推行使用。

中国电器科学研究院研发的废旧电路板中稀贵金属无氰短流程湿法回收技术，能快捷且有效地回收其中的贵金属和贱金属，具备污染量小、工艺流程短、溶液中可循环使用、利于实现绿色回收再利用的特征。纬润高新材料（昆山）使用废弃电器电子产品塑料生产的高性能客制化胶粒，并应用于新电器电子产品的生产中，在纬创资通集团内建立了塑料回收、加工、再利用的循环产业链。

（五）创新回收模式不断涌现

废弃电器电子产品回收处理行业的发展，推动了我国循环经济的蓬勃发展，同时推进了回收创新模式的历程和跨行业的协调合作。网络信息技术应用的不断提高，由第三方构建的基于互联网的回收体系也日新月异，如淘绿、香蕉皮等，为回收模式创新提供了支持。例如，爱回收探索的“互联网+环保回收”模式。爱回收成立于2011年4月，专注于数码相机、笔记本、平板电脑、手机等电子数码产品的回收服务，涵盖9个品种类型，包含约8000个型号。爱回收选择当下最热的O2O商业模式，与京东、国美、苏宁易购等平台合作，提供“以旧换新”服务，帮助用户以更低的成本置换新机。2016年，爱回收在国内18座一线、二线城市开设线下环保回收服务站近200家，占有电子产品回收市场重要份额。通过公司主营业务的稳步增长，爱回收打造出“享换机”和“爱机汇”两个新兴业务，并融入消费金融和众包领域。爱回收如今选取线上估价免费邮寄、上门回收和线下门店回收3种回收模式。消费者可在爱回收平台输入废旧手机的各种特征，由平台系统自动完成评估并报出手机回收价格，消费者若对手机回收价格感到满意，即可通过快递等第三方物流企业交付需回收的手机，同时消费者也可选择就近的爱回收线下服务店交付，如用户不便到店铺交付，则检测工作人员可提供门店3—5千米距离的上门服务。平台在收到产品并检查结果无异议后，通过支付宝或银行方式向消费者支付费用，或给消费者一定的购物奖励积分。当交易完成以后，消费者即可对平台、物流等业务情况做出客观评价。爱回收对全部回收来的手机开展一系列的质检和评级，并按照评级结果采取不同的处理方式：将价值5—20元的低端手机交给格林美等合作方实行环保拆解；中档手机（低于九成新的非高保值手机）则由竞拍系统提供给销售商；对于九成新以上的高保值手机在完成专门的处理步骤后，再通过爱回收的“口袋优品”平台进行销售，同时也提供相应的保修服务（窦欣，2016）。当今，生产者逆向物流回收模式、社区回收模式、互联网回收模式等多元化新型回收模式不断发展起来，引领着行业持续往前蓬勃发展。

四 消费者参与程度

如今，我国对消费者实行优容的环境责任政策，消费者在电器电子产品消费领域中不但不用承担回收费用和责任，还能通过提交WEEE获得一定的经济收益。消费者的回收活动包含以下几类：第一，直接出售给回收者，取得经济收益；第二，参加家电以旧换新活动，获得抵扣新电子电器产品的部分价款；第三，交还回收者或者生产者，获得赠品；第四，怕信息泄露或嫌麻烦将其闲置在家；第五，赠予需要的人。

消费者选择回收者的动机，主要受废物的价值、回收者提供服务的便捷性及信息安全性等因素影响。根据北京工业大学循环经济研究院对再生资源回收三方责任机制的研究结果，被调查者有43%选择了价值性，39%选择了便捷性，18%选择了安全性。由此可见，在消费者看来，回收者是否能够提供较高的回收价格和便捷的服务具有决定性的作用。此外，家庭收入状况及年龄也是影响消费者交投行为的重要因素。随着收入水平的提高，价值性对消费者选择的影响效果逐渐下降，而便捷性和安全性的影响效果则会较大提升。年龄会影响消费者对于价值性的选择。

课题组采用问卷调查的形式对居民家庭开展调研，调查结果显示，不同废弃电器电子产品的处理方式是有所区别的，特别是电器与电子产品之间的差异较大。受家电“以旧换新”政策与废弃电器电子产品处理基金政策的影响，废弃家电产品（电视机、电冰箱、洗衣机等）按以旧换新方式处理的比例最高，为30%以上。由于废弃家电产品（电视机、电冰箱、洗衣机等）回收价格较高，又不存在个人信息泄露的问题，以闲置和丢弃方式处理的比例远低于按其他方式处理的比例。废弃电子产品（手机、电脑平板电脑、数码产品等）的闲置率较高，约为30%。这主要是由于相较于废弃电器产品，电子产品所占空间相对较小，容易保存；同时，由于电子产品中存有大量私人信息，基于信息安全的考虑，很多居民更倾向于以闲置的方式对其进行处理。

第二节 废弃电器电子产品回收体系存在的问题

我国属于全球最早开始执行废弃电器电子产品生产者责任延伸制度的发展中国家之一，在建立废弃电器电子产品处理基金制度时，国内人均 GDP 不到 6000 美元，然而在发达国家执行生产者责任延伸制度时人均 GDP 已达到 2 万—3 万美元。由于我国建立废弃电器电子产品政策法规体系时间较短，正规处理产业依旧处在发展初期，有关政策机制和制度实施环境还不够完善，因此存在许多问题和挑战。

一 政策机制尚不完善，生产者责任落实不到位

生产者责任延伸制度是国际上最广泛使用的废弃产品回收处理基本制度，美国、欧盟、日本等发达国家和地区都制定了相关的法律法规。相比之下，我国现有的《废弃电器电子产品回收处理管理条例》规定了基金制度，这种仅依赖政府部门对规范性文件做出细化管理的方式，对生产主体欠缺刚性制约，导致征收标准调整、基金征缴等工作开展的困难较大，主要表现为以下几个方面。

一是基金入不敷出现象严峻。由于报废数量增速高于生产增速，

以及正规处理规模超出预期，基金从 2014 年开始出现了赤字，在 2015—2016 年每年缺口为 20 多亿元，而 2017 年基金由负转正，这是由延迟支付补贴导致的。在 5 年间补贴标准仅调整过 1 次，然而征收标准却未曾调整过。根据我国电器电子产品的产销量增速情况以及报废增速分析可知，在征 5 台补 1 台的征补标准比例不变的情形下，这一缺口还将进一步增大。图 4-11 显示了我国 2012—2017 年 WEEE 处理基金补贴的具体收支情况（中国家用电器研究院，2018）。

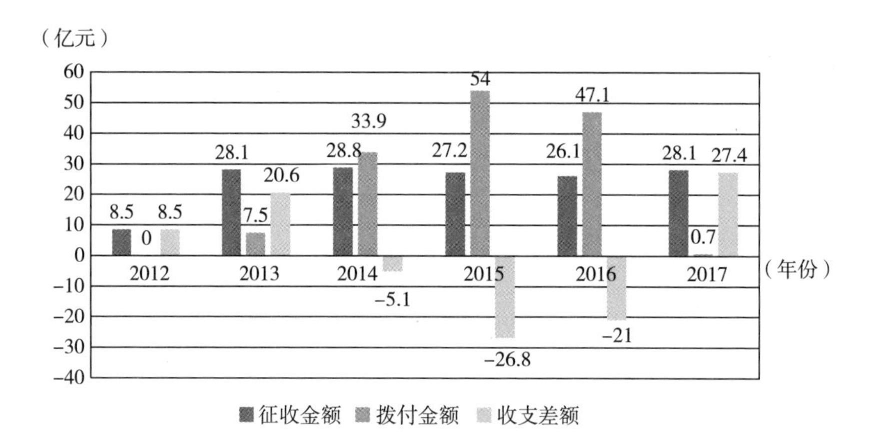

图 4-11　2012—2017 年中国 WEEE 处理基金补贴收支情况

二是政府和企业责任分担不合理。一方面，生产企业与处理企业权、责、利交叉冲突，无法建立服务共生的良好关系；生产企业在缴纳基金后不再承担其他相应责任，并且不愿意提高征收标准；处理企业则强烈追求扩大处理量，要求加强补贴。另一方面，政府在担负着大量基金征缴、审核和管理繁重任务的同时，还要合理处理生产企业与处理企业之间的利益关系，在调控补贴规模和调增征收标准之间难以抉择。

三是基金补贴企业核定程序和条件不清晰，对新增目录产品相应的政策尚未出台，环境保护条件与财政资金管理规定之间不对应。当前，四川、湖南、天津、河北、湖北等多个省份的多家企业已经根据新增产品建立了处理线，其中不乏规划之外的企业，这或将导致企业重复建设和处理能力过剩现象的出现。

二　电器电子消费品市场迅速增长，其回收再利用仍面临巨大挑战

按照商务部公布的《中国再生资源回收行业发展报告 2018》，2017 年我国五种主要的废弃电器电子产品（冰箱、电视机、空调、洗衣机、电脑）的总回收量达 16370 万台，约合 373.5 万吨。但由于现在国内大型电器电子消费品市场的快速发展，其回收再利用依旧存在严峻的挑战。根据中国家用电器研究院公布的报告，首批目录产品理论报废量约为 1.5 亿台，包括电视机、电冰箱、洗衣机、空调、微型计算机等，具体数据见表 4-2。可知，我国电器电子产品报废量大，规范回收处理仍存在巨大压力。

表 4-2　　2017 年和 2018 年我国电器电子产品理论报废量

	2018 年		2017 年	
	报废数量（万台）	报废重量（万吨）	报废数量（万台）	报废重量（万吨）
电视机	4817.6	85.3	3065.0	79.7
电冰箱	2064.7	97.0	1688.0	60.8
洗衣机	2024.8	43.5	1699.0	35.6
空调	3149.1	120.3	1682.0	57.2
微型计算机	3034.4	60.7	1893.0	28.4
小计	15090.6	406.8	10027.0	261.8
吸油烟机	3081.7	24.7	1021.0	17.3
电热水器	1938.4	42.6	819.0	16.4
燃气热水器	973.8	11.7	760.0	9.1
打印机	3039.7	24.3	2271.0	18.2
复印机	574.8	51.7	487.0	28.7
传真机	507.5	2.0	410.0	1.2
固定电话	3102.8	1.6	2919.0	2.2
手机	30393.3	6.1	23978.0	3.8

续表

	2018年		2017年	
	报废数量（万台）	报废重量（万吨）	报废数量（万台）	报废重量（万吨）
监视器	160.0	1.6	41.0	0.6
总计	58862.6	573.1	42733.0	359.3

资料来源：中国家用电器研究院（2018）。

相较于大型废弃电器电子产品，小型电器电子设备如手机、U盘、电动牙刷等更难有效回收再利用。

三 目录外电器电子废物污染风险不容忽视，亟待加入规制目录

当前，我国列入《废弃电器电子产品处理目录（2014年版）》的废弃电器电子产品仅有14类，以大型家电、小型通信和办公产品为主，并对其回收采取了较为严格的基金补贴制度和资格许可制度。但实际上废弃电器电子产品还有相当多的种类，其中欧盟废弃电器电子产品目录涵盖了六大类上百小类的产品。在国内，处于目录之外的中小型电器电子产品、大型电器电子设备、工业源电子废物以及有关产品在维修、拆解过程中形成的部分拥有较高资源价值的重要元器件、零部件，其形成、转化和处理状况尚不明确。在传统电子废物集散地如贵屿等地，尽管“四机一脑”等目录内产品拆解数量明显减少，但废弃电器电子产品的非标准化处理活动并没有终止，经营户将过程从整机的拆解逐渐变为对目录外高值产品和元器件、零部件的处理。

四 基层监管能力欠缺，审核机制不健全

一直以来，由于各级环保部门在重金属、化学品、固体废物管理上机构能力建设落后于工作要求，“倒金字塔”问题逐渐凸显。全国大部分市县级环保部门均缺乏专任管理机构或专业人员，个别省份也没有贯彻执行经费。部分省份的第三方审核机构开展招投标程序不符合要求，少数省份甚至实行低价中标原则，中标审核价格低于1万元，以至低于差旅成本。招投标限时过长、审核机构欠缺专业审核的理论知识和实践经验、审核时间拖拉、变更频繁等问题凸显，极其影响审核的实际效果。

五　回收渠道有待规范，处理污染仍然存在

现有的废弃电器电子产品回收处理政策仍在调整，新目录产品配套政策仍在制定中，有待出台。目前以及未来的一段时间内，我国废弃电器电子产品回收主体仍然是个体商贩。公益回收、“互联网+回收”、逆向物流回收等创新模式则发展较为缓慢。如格林美集团成立的“互联网+分类回收”公司是新型回收模式的代表，但也难以实现盈亏平衡。有的维修点、旧货交易和拆解集散地在维修以及拆解过程中产生的环境污染问题依旧未能从根本上得到有效的治理，仿制和拼装问题也时常出现（刘欣伟和胡文韬，2018）。

六　技术水平有待提升，拆解产物无害化利用和处理能力不足

尽管近年来中国废弃电器电子产品拆解产业发展速度很快，但同发达国家比较，在资源化和无害化技术层面上还具有一定的差距。目前国内废弃电器电子产品回收依旧处在较低水平且无序的状况，大多数废弃电器电子设备基本上由个体散户回收，并通过小作坊进行简易的拆解和加工。这种非专业化的拆解和加工，不仅容易造成部分宝贵资源未能充分回收，而且导致大量的二次废物和污染物。其中，二次废物和污染物常同生活废物混合后被填埋或焚烧，进而对土壤、水和空气造成严重危害。消耗臭氧层物质制冷剂、荧光粉、液晶面板、电池等拆解产物无害化处置途径相对较窄，处理能力欠缺；印刷电路板利用处理企业管理和技术水平不高，出现稀贵金属资源浪费、二次污染和非法转移处理等问题。

七　社会宣传不足，公众回收意识薄弱

目前，我国仍有不少专业的电子废物处理企业由于无法回收到可持续企业正常生产所需的电子垃圾量，未能得到良性发展。追根究本，除国家在 WEEE 回收处理方面尚未形成有效完善的回收管理体系及制度，比如管理制度可操作性不足、责任主体不清楚等因素外，社会引导不充分导致公众对废弃电器电子产品回收意识淡薄，也造成了 WEEE 无法集中回收。大多数居民在处理 WEEE 时并不会考虑其带来的环境问题，仅仅“一卖了之”，很少有人意识到回收能够带来的社会经济效益。课题组在研究过程中发现，居民对 WEEE 相关回收管理

政策了解程度较低，当问及居民对废弃电器电子产品的生产者责任延伸制度的了解程度时，仅有不到10%的居民表示对此有一定了解，其余均表示不了解，甚至没有听说过。这也一定程度上反映出有关宣传教育工作还远远不够。

第五章　废弃电器电子产品循环产业链利益相关者分析

第一节　废弃电器电子产品循环产业链利益相关者范围界定

废弃电器电子产品（WEEE）的全生命周期产业链中涉及多个利益相关者，对废弃电器电子产品进行回收之前，首先要厘清各利益相关者的界定范围、特点及其相互关系，这是确保废弃电器电子产品可以再次利用及可持续发展的首要前提，并为政府确定废弃电器电子产品回收模式的扶持和监管着力点提供理论依据，为回收企业经营提供决策参考，也有助于资源的有效利用和环境保护，推进绿色供应链的构建。

一　废弃电器电子产品循环产业链利益相关者划分

在利益相关者的研究中，各专家由于视角不同，对利益相关者分类的看法也不尽相同，但大多数学者认同的是多锥细分法和米切尔评分法。

20 世纪 90 年代中期，在利益相关者界定中，多锥细分法是最常用的分析工具。多锥细分法是学者从不同的角度、不同的维度，采取头脑风暴法，主观地将利益相关者分为几类的一种方法。因为其便于理解的特点，这种分类方法成为企业划分利益相关者最常用的分类方法。其中，最具代表性的是弗里曼（Freeman）、弗雷德里克（Frederick）、米切尔和伍德（Mitchell and Wood）、克拉克森

(Clarkson)、威勒（Wheeler）对企业中利益相关者的分类。比如，利益相关者为在企业中通过承担风险的形式为企业减少损失的个人或群体（Clarkson，1994）。以利益相关者与企业之间的关系为标准，可以将利益相关者分为以下两类：首要的利益相关者（Primary Stakeholders）和次要的利益相关者（Secondary Stakeholders）。威勒等则将其分为以下四类：一是首要的社会性利益相关者；二是次要的社会性利益相关者；三是首要的非社会性利益相关者；四是次要的非社会性利益相关者。第一类通常指顾客、投资者、雇员以及供应商等，它们与企业之间联系最为紧密；第二类一般指居民团体、相关企业、众多的利益集团等，它们与企业之间的关系仅次于第一类；第三类包括自然环境、人类后代等，它们通过以无接触与联系的方式对企业活动产生直接影响；第四类是指非人物种，通过以无接触与联系的方式对企业活动产生间接影响（Wheeler and Maria，1998）。

米切尔评分法由美国学者米切尔和伍德于 1997 年提出，其核心是打分制，具体操作为：通过判断利益相关者的属性及对属性进行打分，并根据分数高低判断是否为利益相关者以及是哪一类型的利益相关者。属性一般包括以下三项：一是合法性（Legitimacy)，即某一群体对企业的索取权是否符合法律和道义的标准；二是权力性（Power)，即某一群体是否具有对企业决策地位产生影响的能力；三是紧急性（Urgency)，即某一群体的要求是否能第一时间得到企业高层的回应。若不能满足上述三项中的任何一项，就不能称为企业的利益相关者。以上述三项属性为标准对利益相关者进行打分，根据分数高低可将利益相关者分为三类：一是确定型利益相关者（Definitive Stakeholders)，它们同时拥有对企业质询的合法性、权力性和紧急性并影响企业的生存和发展，因此管理层会第一时间满足它们所提出的要求；二是预期型利益相关者（Expectant Stakeholders)，它们拥有上述三项属性中的两项并时刻与企业保持密切联系；三是潜在型利益相关者（Latent Stakeholders)，即只满足上述三项属性中一项的群体。利益相关者的认定（Stakeholder Identification）和利益相关者的特征（Stakeholder Salience）是利益相关者理论的关键，前者是指利益相关者包括哪些个人或团体；后者是指管理层对特定群体给予关注的依据（Mitchell and Wood，1997）。米切尔评分法目前得到广泛的应用。该方法认为，企业利益相关者是动态变化的，失去或者得到某种属性都将影响利益相关者从一种类型转变为另一种类型，由于其简单易懂、可操作性强，受到学者和管理人员的普遍认可。

本书在米切尔评分法的基础上，结合研究对象特点，将废弃电器电子产品循环产业链加以展开，把产业链上的关键节点视作利益相关者，从合理性、重要性和紧急性三方面对利益相关者进行细分。其中，合理性是指该利益相关者参与WEEE正规回收的期望程度；重要性是指该主体的地位、能力以及相应行为对WEEE回收产生影响的程度；紧急性指该主体的需求能否立即引起关注。结合我国废弃电器电子产品回收的历史沿革和产业链特点，将我国废弃电器电子产品回收的利益相关者归结为以下5大类一级利益相关者以及11小类二级利益相关者（见表5-1）。

表5-1　WEEE循环产业链利益相关者分类

一级利益相关者	二级利益相关者
生产者	产品生产企业
消费者	居民
回收者	个体废品回收者、传统回收企业、互联网回收企业、经销商和售后服务商
处理者	有资质的处理企业、再利用企业、个体维修站
监管者	政府、非政府组织

注：因为经销商往往同时承担了售后服务的职能，因此将经销商和售后服务商归为一类进行分析。

WEEE循环产业链利益相关者如图5-1所示。

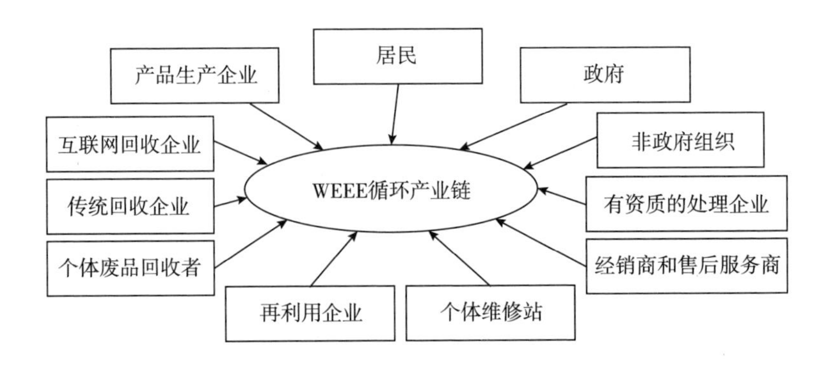

图 5-1　WEEE 循环产业链利益相关者

二　废弃电器电子产品循环产业链利益相关者三个维度评分分析

课题组对行业内专家进行了咨询，共发放了 10 份专家问卷，从合理性、重要性和紧急性三个维度，对废弃电器电子产品循环产业链利益相关者进行了评分。问卷具体内容见附录 1。

（一）合理性维度

合理性是指利益相关者参与 WEEE 正规回收的期望程度。根据表 5-2 统计结果，居民、产品生产企业二者合理性评分较高，互联网回收企业、有资质的处理企业、政府、非政府组织合理性较低，传统回收企业、个体废品回收者、经销商和售后服务商、再利用企业、个体维修站合理性最低。

表 5-2　　WEEE 循环产业链利益相关者合理性评分描述性统计

利益相关者	数量	极小值	极大值	均值	标准差	排序
居民	10	3	5	4.5	0.806	1
产品生产企业	10	3	5	4.4	0.800	2
互联网回收企业	10	2	5	3.9	1.136	4
传统回收企业	10	1	4	2.8	0.748	7
个体废品回收者	10	1	3	1.3	0.640	11
经销商和售后服务商	10	1	3	2.3	0.900	9

续表

利益相关者	数量	极小值	极大值	均值	标准差	排序
有资质的处理企业	10	3	5	3.7	0.781	5
再利用企业	10	2	4	2.5	0.500	8
个体维修站	10	1	3	2.1	0.700	10
政府	10	2	5	3.9	0.831	3
非政府组织	10	2	4	3.0	0.632	6

（二）重要性维度

重要性要求被确定的利益相关者对废弃电器电子产品回收产业的发展具有影响，同时其本身也会受到废弃电器电子产品回收产业态势的直接影响。根据表5-3统计结果，居民、产品生产企业、有资质的处理企业、政府四者重要性评分较高，互联网回收企业、传统回收企业、经销商和售后服务商重要性得分较低，个体废品回收者、再利用企业、个体维修站、非政府组织重要性得分最低。

表5-3　WEEE循环产业链利益相关者重要性评分描述性统计

利益相关者	数量	最低分	最高分	均值	标准差	排序
居民	10	3	5	4.5	0.671	2
产品生产企业	10	4	5	4.8	0.400	1
互联网回收企业	10	2	5	3.9	1.300	5
传统回收企业	10	2	4	3.0	0.894	7
个体废品回收者	10	1	4	1.9	1.136	11
经销商和售后服务商	10	2	5	3.7	0.900	6
有资质的处理企业	10	3	5	4.0	0.775	4
再利用企业	10	1	3	2.5	0.671	9
个体维修站	10	1	4	2.0	0.894	10
政府	10	2	5	4.3	0.900	3
非政府组织	10	2	4	2.9	0.539	8

（三）紧急性维度

紧急性是指某一利益相关者的需求能否立即引起关注。根据表 5-4 的数据，居民、产品生产企业及政府的紧急性评分最高，互联网回收企业、传统回收企业、有资质的处理企业、非政府组织的紧急性评分次之，个体维修站、再利用企业及个体废品回收者的紧急性评分最低。

表 5-4　WEEE 循环产业链利益相关者紧急性评分描述性统计

利益相关者	数量	最低分	最高分	均值	标准差	排序
居民	10	4	5	4.7	0.458	1
产品生产企业	10	3	5	4.3	0.640	2
互联网回收企业	10	2	5	3.7	1.100	4
传统回收企业	10	2	4	3.2	0.748	6
个体废品回收者	10	1	4	1.5	0.922	11
经销商和售后服务商	10	2	4	2.9	0.831	8
有资质的处理企业	10	3	5	3.7	0.900	5
再利用企业	10	2	4	2.8	0.600	9
个体维修站	10	1	3	2.2	0.748	10
政府	10	3	5	4.3	0.640	3
非政府组织	10	2	5	3.1	0.943	7

（四）利益相关者综合评分

为了对利益相关者划分结果进行验证，从总体上再次进行比较，计算出每一类利益相关者在合理性、重要性和紧急性三个维度上的平均得分，即综合相关度。第 i（$i=1, 2, \cdots, n$）个利益相关者的综合相关度为 P_i，该利益相关者在第 j（$j=1, 2, 3$）个维度上得分为 V_{ij}。P_i 的计算如式（5-1）所示。

$$P_i = \frac{1}{3}\sum_{j=1}^{3} V_{ij} \qquad (5-1)$$

通过计算，得到废弃电器电子产品循环产业链利益相关者的综合相关度，如表 5-5 所示。

表 5-5　　WEEE 循环产业链利益相关者分类结果

利益相关者	维度			综合相关度
	合理性	重要性	紧急性	
居民	4.5	4.5	4.7	4.6
产品生产企业	4.4	4.8	4.3	4.5
互联网回收企业	3.9	3.9	3.7	3.8
传统回收企业	2.8	3.0	3.2	3.0
个体废品回收者	1.3	1.9	1.5	1.6
经销商和售后服务商	2.3	3.7	2.9	3.0
有资质的处理企业	3.7	4.0	3.7	3.8
再利用企业	2.5	2.5	2.8	2.6
个体维修站	2.1	2.0	2.2	2.1
政府	3.9	4.3	4.3	4.2
非政府组织	3.0	2.9	3.1	3.0

由表 5-5 可知，综合相关度最高分值为 4.6，最低分值为 1.6，根据得分可将利益相关者再细分，划分标准：一是 1—3 分阶段；二是 3—4 分阶段；三是 4—5 分阶段。按三维度及三阶段对利益相关者进行归类，归类结果如表 5-6 所示。

表 5-6　　WEEE 循环产业链利益相关者细化分类结果

	[1—3)	[3—4)	[4—5]
合理性	传统回收企业、个体废品回收者、经销商和售后服务商、再利用企业、个体维修站	互联网回收企业、有资质的处理企业、政府、非政府组织	居民、产品生产企业
重要性	个体废品回收者、再利用企业、个体维修站、非政府组织	互联网回收企业、传统回收企业、经销商和售后服务商	居民、产品生产企业、有资质的处理企业、政府

续表

	[1—3)	[3—4)	[4—5]
紧急性	个体废品回收者、经销商和售后服务商、再利用企业、个体维修站	互联网回收企业、传统回收企业、有资质的处理企业、非政府组织	居民、产品生产企业、政府
综合评分	个体废品回收者、再利用企业、个体维修站	互联网回收企业、传统回收企业、经销商和售后服务商、有资质的处理企业、非政府组织	居民、产品生产企业、政府

根据表5-6中废弃电器电子产品循环产业链利益相关者的综合评分结果，可以将利益相关者分为以下三类：

第一类，关键利益相关者。关键利益相关者综合评分在4—5分，它们与废弃电器电子产品循环产业链的发展具有非常紧密的利益关系，是废弃电器电子产品循环产业链发展过程中最重要的利益群体，在很大程度上影响废弃电器电子产品循环产业链的可持续发展，包括居民、产品生产企业及政府三类。

第二类，潜在利益相关者。潜在利益相关者判别标准为：3≤综合评分<4。若它们的要求或愿望没有得到重视，它们反应通常比较激烈，决策层担心这种情绪会影响废弃电器电子产品循环产业链的可持续发展，包括互联网回收企业、传统回收企业、经销商和售后服务商、有资质的处理企业及非政府组织。所以，决策者通常会对它们的要求或愿望加以满足。

第三类，边缘利益相关者。边缘利益相关者综合评分在1—3分，它们受到废弃电器电子产品循环产业链发展的影响，对废弃电器电子产品循环产业链发展仅仅起到辅助性作用，对废弃电器电子产品循环产业链发展的影响程度最低，包括个体废品回收者、再利用企业以及个体维修站三类。

从以上分类结果可以看出，废弃电器电子产品循环产业链利益相关者在合理性、重要性和紧急性三个不同维度上存在差异，居民、产品生产企业及政府是核心利益相关者，互联网回收企业、传统回收企业、经销商和售后服务商、有资质的处理企业及非政府组织是潜在利益相关者，个体废品回收者、再利用企业以及个体维修站是边缘利益相关者，但不可或缺。

第二节　废弃电器电子产品循环产业链利益相关者特点分析

一　电器电子产品生产者特点分析

在基金制度的基础上我国已经构建了电器电子产品生产者责任延伸制度，并不断加以推行和完善。生产者既是废弃电器电子产品产生的源头，也是电器电子产品生产者责任延伸制度的主要责任主体。电器电子产品生产者在履行生产者责任延伸制度中所承担的责任包括：保障产品质量；在生产阶段的产品设计和原材料选取方面考虑后续的回收处置，实现资源利用最大化，环境影响最小化；回收淘汰的废弃电器电子产品，进行无害化处置，实现资源化利用（付俊文和赵红，2006）。作为关键利益相关者，生产企业具有数量众多、分布广泛的特点，如果不同企业的产品在生产过程中没有统一标准，会给回收处理带来不便。另外，生产企业自身实力和科技水平参差不齐，许多企业无法承担回收和拆解任务。

二　电器电子产品消费者特点分析

电器电子产品的消费者包括政府、企事业单位和居民等。政府和企事业单位一般是集中采购和报废，管理规范。因此，需要重点关注的消费者是居民。居民具有分布广、个体差异较小的特点，其淘汰的电器电子产品主要是电视机、冰箱、洗衣机、空调、电脑、手机和一些小型的数码产品。居民是废弃家用电器电子产品的主要来源，且居民产生的废弃电器电子产品较为分散，因此，居民参与废弃电器电子产品回收的程度对于提高废弃电器电子产品回收率十分重要。居民对废弃电器电子产品的处理方式包括以下几种：卖给社区内的个体废品回收者、使用互联网平台预约回收、送往回收站、以旧换新或者闲置在家。居民会通过对各种回收方式的经济收益、便利程度以及安全性等方面进行衡量，以选择具体方式。居民倾向于选择回收价格高、便利程度高且安全性好的渠道进行回收。特别是对于电脑、手机等数码产品，消费者更加重视回收的安全性。

三　废弃电器电子产品回收者特点分析

废弃电器电子产品回收者主要包括个体废品回收者、传统回收企业、互联网回收企业、销售商和售后服务商四类主体。其中个体废品回收者多以家庭为单位，通过夫妻分工的方式进行回收，具体形式为：男方利用小型交通工具进行相关物品的回收，女方则在固定摊位对废品进行称重、结算。随着互联网技术的发展和移动通信的普及，部分个体废品回收者在58同城等网络平台发布回收信息，与消费者联系后，提供上门回收服务。个体废品回收者作为非正规回收者，既无店面资金也无须缴纳税款。目前，大部分的废弃电器电子产品仍然是由个体废品回收者回收，其流动性好，特别是城市居民的聚集区，往往也是个体废品回收者主要的活动场所。但是，个体回收的方式耗费时间且效率不高，所以往往由当地政府与地方主体回收企业合办回收站并将其出租给个人。回收站作为固定站点长期存在，因此受到政府部门的监管，需要缴纳相应的税款及管理费用。互联网回收企业依托互联网平台开展回收。互联网回收模式是近年来兴起的一种回收模式，采取线上与线下相结合的方式，通过网络平台随时下单，借助完善的物流体系，由专门人员实时上门回收，对于回收站来说节省了人力、物力，节约了时间；对于用户来说只需操作手机就能随时处理家中废品，带来极大的便利，激发了用户参与回收的热情，实现了线上回收信息聚合，线下队伍回收、货物分拣、废料循环再生等全产业链数据打通，形成线上线下一体化运营的服务体系。另外，与传统的回收模式不同，互联网回收主打绿色品牌，回收的产品再使用优先，不能再使用的交给有资质的处理企业进行拆解处理。与传统的回收模式相比较，互联网回收模式提高了有效性与回收垃圾的精准度，节约了回收成本，增加了效益，是未来回收模式的主攻方向。经销商与售后服务商也是回收者中至关重要的一类主体，这类主体分布广泛且较为分散，与消费者接触密切，蕴含着强大的回收能力，但目前这类主体的回收意识较弱，缺少促进其参与回收的驱动机制。

四　废弃电器电子产品处理者特点分析

废弃电器电子产品处理者包括处理企业、再利用企业和个体维修站。废弃电器电子产品处理者的正规性与技术水平，对废弃电器电子产品的再利用以及维护生态环境有重要影响。废弃电器电子产品处理企业通过拆解废弃电子产品的方式将其中的物质进行提取作为原材料或燃料，并以改变其物理和化学特性的方式最大限度地减少可能存在的有害成分，最终将剩余部分放置于垃圾填埋场（修太春，2017）。在《废弃电器电子产品回收处理管理条例》和基金制度的推动下，我国获得处理资质的废弃电器电子产品处理企业已经覆盖全国，废弃电器电子产品已经实现规模化处理。截至 2018 年 11 月底，合计 5 批共计 109 家企业进入基金补贴名单。废弃电器电子产品处理企业的收入主要来自拆解物销售收入和拆解基金补贴，其中拆解补贴收入是企业最主要的收入来源（中国家用电器研究院，2018）。个体维修站也是废弃电器电子产品的处理者之一，日常所见的废弃电器电子产品回收者就是通过回收废弃电器电子产品的方式转手进行翻新，翻新后的电子产品再次流入市场，以低于市场价格的二手产品卖给消费者，当二手产品损坏后又被再次回收，将部分不可利用的零件中的贵金属进行提取，剩余部分则随手丢弃。这种简单粗暴的处理方式不仅会造成环境污染与破坏，而且还存在危害人体健康的风险。再利用企业是处理者中比较特殊的存在，再利用企业不仅会对废弃电器电子产品进行无害化处理，还会对部分机构和公司提供上门回收服务，在此基础上，将所获取的废弃电器电子产品进行再利用。处理者往往具有以社区或企业回收为基础，以加工处理中心为枢纽，以拆解加工基地为载体，以综合利用为目的，集回收、加工、拆解、利用于一体的特点。

五　废弃电器电子产品监管者特点分析

我国废弃电器电子产品的监管者包括政府和非政府组织。各级政府特别是政府职能部门，是废弃电器电子产品直接的管理者和监督者。政府可以作用的主体包括生产者、回收者、处理者和消费者。政府采取多部门协同管理的模式来推进废弃电器电子产品的回收处置：国家发展改革委主管回收目录的制定及调整，并且协调统一管理其他部委汇总过来的信息；商务部负责废弃电器电子产品的回收网点布局及管理、产品回收过程管理及回收政策措施的制定；生态环境部负责处理企业资质审查与许可，对处理信息进行汇总与分析，对处理补贴数量进行核查；海关总署与财政部相互配合，主管废弃电器电子产品处理基金的征收以及发放；工信部负责在将再生产品作为原材料制成产成品阶段对生产企业的信息进行汇总分析；国家质检总局负责监督产品的质量（单明威等，2016）。非政府组织也是废弃电器电子产品回收处置的监督者，比如行业协会、社会团体等。非政府组织作用的主体包括生产者、回收者、处理者、消费者，同时还包括同样承担监管者角色的政府。

第三节　废弃电器电子产品循环产业链利益相关者关系研究

废弃电器电子产品循环产业链是一个有机的、多维的复杂系统，其中包含多个利益相关者，且各利益相关者之间都存在直接或间接的利益耦合关系。

图 5-2 勾勒出了废弃电器电子产品循环产业链利益相关者的相互关系。其中，电器电子产品在生产者、消费者、回收者、处理者之间顺时针单向流动，信息流在各个利益相关者之间双向流动，资金在生产者、消费者、回收者、处理者之间单向逆时针流动。监管者与生产者、消费者、回收者、处理者四个利益相关者之间有着监督协调或宣传引导的关系，且与生产者、回收者、处理者之间存在资金流动。

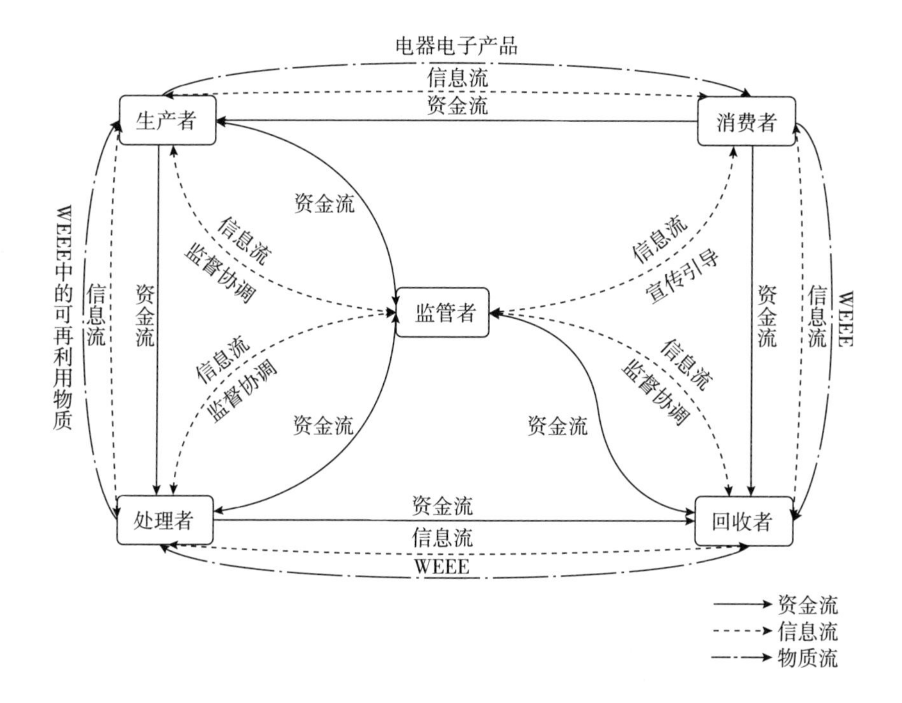

图 5-2　WEEE 循环产业链利益相关者关系

一　电器电子产品生产者与其他利益相关者的关系

电器电子产品的生产者与消费者及监管者（政府）之间具有直接作用关系，与回收者和处理者之间是间接作用关系。生产者的产品质量决定了消费者购买的数量，产品质量越高，则销量越高；反之则越低，两者成正比。消费者购买的数量又直接关系到生产者的收益。政府作为电器电子产品生产者的监督者，对电器电子产品生产者的行为进行监督与引导。为了更好地发展废弃电器电子产品循环产业，政府通过制定一系列的政策来支持和监管企业，使企业的行为在政府制定的规章制度所要求的范围之内，其中针对性最强的一条规范制度就是生产者责任延伸制度。生产者若履行此制度，参与生产者责任延伸制度试点，自行承担回收和拆解任务，可大大提升品牌的认可度以及消费者的满意度，为消费者处理废弃电器电子产品带来很大方便，同时，能够规范回收渠道，提高废弃电器电子产品回收利用效率，并有利于改善环境。

二　电器电子产品消费者与其他利益相关者的关系

消费者同生产者与回收者之间是直接作用关系，同处理者与监管者之间是间接作用关系。消费者是决定废弃电器电子产品回收利用效率的重要群体，消费者从生产企业（或经销商）购入电器电子产品，并在其废弃后提交给回收者，这是废弃电器电子产品回收利用的第一步。由于电器电子产品的消费者分布广泛，难以在某一时间精准定位丢弃电器电子产品的用户，因此废弃电器电子产品的回收难度大。而个体回收者由于回收地点与时间的灵活，与正规回收者相比具有一定优势，消费者出于对经济效益和方便性的考虑，更倾向于将废弃电器电子产品卖给上门回收的个体废品回收者。这其中也有回收体系不健全、居民资源环保意识较为薄弱的原因，导致非正规个体废品回收者处于回收的主导地位（刘婷婷等，2015）。不过，近几年兴起的互联网回收因其便捷的预约上门服务以及合理的价格，正成为消费者选择的趋势。作为监管者的非政府组织与消费者存在引导与被引导的关系，例如一些行业协会等向消费者宣传普及针对废弃电器电子产品回收处置的正确行为，提高消费者的环保意识，可以对消费者的回收观念产生积极影响。此外，消费者对生产者具有间接的监督作用，为了使消费者满意从而获得更高的利润，生产者会从多方位提高产品性能。

三　废弃电器电子产品回收者与其他利益相关者的关系

回收者是整个废弃电器电子产品产业链条的核心枢纽，与消费者、处理者、监管者（政府）之间都存在直接作用关系。回收者中的个体废品回收者仍是我国目前废弃电器电子产品回收的核心。与发达国家不同的是，由于我国的人口分布、生活方式、管理水平等方面的差异，加上回收体系目前还不够完善，所以流动性较强且较为分散的个体回收者更能适应废弃电器电子产品分布不集中的现状，未来会长期存在。目前，一些废物回收处理企业依托互联网和物联网的发展，将个人回收者收编进入企业，使其成为正规军，协助正规回收处理企业实现再生资源的有效回收。传统回收企业目前主要通过个体回收者和设置回收站（社区回收点、废品收购站）开展回收，也有部分传统回收企业与时俱进，积极建立网络回收渠道进行回收。这类回收站通常与正规处理企业进行对接，将废弃电器电子产品进行规范化处理，然而，一些回收站存在不规范行为，加大了监管者的工作量和工作难度。互联网回收企业与消费者接触较为紧密，可以使消费者轻松获取大量的回收信息并做出选择，同时，互联网回收企业也受到监管者的管理，并遵守监管者制定的规章条例。经销商和售后服务商与生产者以及消费者均有密切接触，生产者是经销商和售后服务商的上游企业，消费者是经销商和售后服务商的下游顾客。经销商和售后服务商是消费者比较容易接触到的正规回收者之一，这类主体若进一步开发回收服务，可以为生产者回收到大量废弃电器电子产品。

四　废弃电器电子产品处理者与其他利益相关者的关系

废弃电器电子产品处理者同回收者与监管者之间是直接作用关系，同消费者与生产者之间是间接作用关系。其中，与废弃电器电子产品处理者联系最为紧密的是监管者（政府）。废弃电器电子产品处理企业最重要的资金来源是电器电子产品生产者缴纳的基金，政府严格执行《废弃电器电子产品处理基金征收管理规定》并对生产者进行监督检查，可保证废弃电器电子产品处理企业的资金供应。但是，目前拆解处理补贴基金的征收与发放存在入不敷出的问题，同时基金补贴申请的审核程序复杂，导致废弃电器电子产品处理企业资金压力较大（再生资源协会，2015），政府有关部门已经对基金补贴范围和标准做出了调整，但仍需要继续观察和动态调整。政府对废弃电器电子产品处理行业实行行业准入政策，只有取得废弃电器电子产品拆解资格并被纳入废弃电器电子产品处理基金补贴名单的公司，才能按照合规拆解量申请基金补贴。另外，再利用企业和个体维修站受到政府的监督和引导。处理者在整个废弃电器电子产品循环产业链条中处于居中的位置，其上游为废弃电器电子产品回收者，下游为电器电子产品的生产者以及再利用者。处理者与回收者之间有紧密关联，回收者的回收率过低会导致处理者面临原料不足的问题，导致开工率低。另外，处理者对废弃电器电子产品的规模化处理十分重要，处理者需要创新技术、完善运营机制提高行业的整体开工率，提高拆解效率，减少环境污染。

五　废弃电器电子产品监管者与其他利益相关者的关系

监管者与生产者、消费者、回收者和处理者之间都存在作用和反作用的关系。监管者对电器电子产品企业的作用主要在于监督和管理，促使企业的生产行为符合规章制度，按规定缴纳基金，并能够根据政府要求和市场需求开展生产活动。监管者对消费者的作用主要在于引导，推动消费者避免由于对废弃电器电子产品的随手丢弃造成的环境污染，提高消费者的环保意识。监管者对回收者与处理者的作用同样也是监督和指导，推动两者以正确的方式对废弃电器电子产品进行处理，加大对非正规拆解处理者的处置力度，为正规回收者和处理者创造更好的条件和环境并予以支持。

第六章　生产者参与废弃电器电子产品回收行为的影响因素

在第五章中，本书分析了 WEEE 循环产业链各利益相关者的特点及其相互关系。在此基础上，本章针对其中一类最主要的利益相关者（生产者），对其 WEEE 回收行为的影响因素进行分析。生产者是生产者责任延伸制度的主要责任主体，是从根源改善 WEEE 循环产业链的关键，也是目前参与程度较低、责任部分缺失的主体，为了有效促进 WEEE 回收利用，对生产者行为影响因素的分析尤为重要。本章基于 UTAUT 理论，采用结构方程模型对生产者参与 WEEE 回收行为的影响因素进行分析（刘娅茹，2020）。

第一节　技术接受与利用整合理论

技术接受与利用整合理论（The Unified Theory of Acceptance and Use of Technology，UTAUT）包括心理学、行为学、社会学、信息系统等多个学科，涉及学科十分广泛，并以此为基础，从技术接受者的角度，研究技术被采纳的过程中个体或组织的行为。UTAUT 是由文卡特什等（Venkatesh et al.，2003）在对以往大量采纳理论模型进行相关研究总结的基础上，进一步探讨“影响使用者认知因素”的问题所提出的。由于个人用户行为具有复杂性，学界现有单个模型都有各自的局限性，实证验证 UTAUT 对使用行为的解释程度高达 70%，高于以往其他模型的解释程度（梁霞，2017）。

UTAUT 整合了创新扩散理论（Innovation Diffusion Theory，IDT）、

理性行为理论（Theory of Reasoned Action，TRA）、技术接受模型（Technology Acceptance Model，TAM）、计划行为理论（Theory of Planned Behavior，TPB）、动机模型（Motivational Model，MM）、技术接受模型和计划行为理论组合模型（Combined TAM and TPB，C-TAM-TPB）、个人电脑利用模型（Model of Personal Computer Utilization，MPCU）以及社会认知理论（Social Cognitive Theory，SCT）等理论中的相关变量和影响因子，以此为基础形成四个影响采纳意图和采纳行为的核心维度（Core Determinant）：绩效期望（Performance Expectancy，PE）、易用期望（Effort Expectancy，EE）、社会影响（Social Influence，SI）以及促进条件（Facilitating Conditions，FC）。其中，绩效期望、易用期望和社会影响对行为意向具有重要影响，促进条件对采纳的实际行为有很大影响。此外，该模型还设有4个调节变量：性别（Gender）、年龄（Age）、经验（Experience）和自愿性（Voluntariness of Use），它们对四个核心维度起到调节作用。UTAUT模型如图6-1所示。

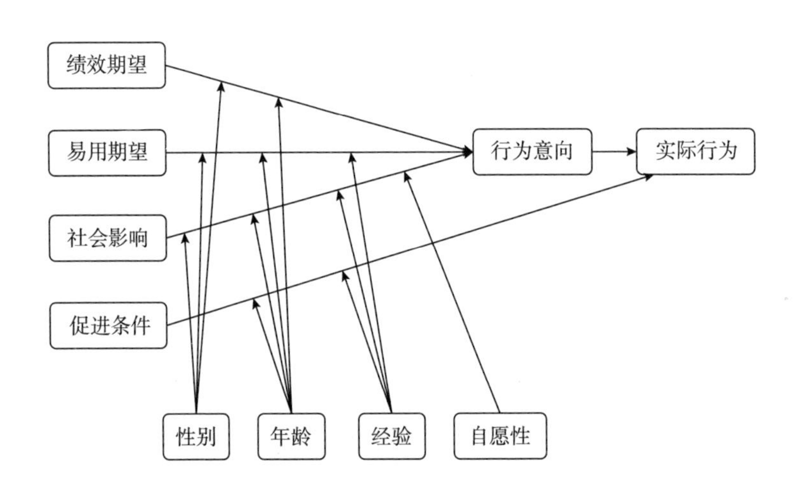

图6-1 技术接受与利用整合理论（UTAUT）模型

资料来源：刘娅茹（2020）。

UTAUT模型提出至今，相关研究多集中于用户对信息技术（Madigan et al.，2017）、移动商务（Cao et al.，2019；Khalilzadeh et al.，

2017）等领域的新技术或新业务的接受程度的影响因素研究。近年来，互联网产业的兴起对于废弃电器电子产品循环产业产生了一定的影响，尤其是互联网回收企业的出现，为电器电子产品消费者提供了全新的回收渠道，同时，UTAUT 模型能很好地解释个体对新技术或新服务的使用。目前，已有很多学者通过构建模型研究了互联网对消费者回收行为的影响。余福茂等（2011）基于计划行为理论（TPB）建立结构方程模型，对消费者电子废物回收行为影响因素进行了实证研究；王昶等（2017）将技术接受模型（TAM）和计划行为理论进行整合，探究消费者参与互联网回收意愿的影响因素，并利用结构方程模型进行实证分析；李春发等（2015）以技术接受模型为依据，研究了 WEEE 回收网站交互性对消费者回收行为的影响，发现网站交互性可以直接促进消费者回收行为。虽然已有一些相关研究，但使用 UTAUT 模型对 WEEE 回收处理领域进行分析的研究较少，尤其是有关生产者参与回收行为的研究。基于此，本书运用 UTAUT 进行模型构建，能够较好地体现出利益相关者在新型回收网络体系作用下行为的影响因素。

第二节　UTAUT 模型设计

生产者参与 WEEE 回收是对生产者责任延伸制度的响应，生产者参与 WEEE 回收的方式包括但不局限于生产企业回收模式。生产企业回收模式是指生产制造企业建立回收处理中心，专门接收废弃电器电子产品，通过专业鉴定后进行集中处理，对于能够再次利用的产品降价后进行二次销售，并承担整个过程中产生的一切经济责任。此外，企业从源头或者在生产过程中进行产品设计以及原材料选取时考虑后续的回收，实现 WEEE 环境影响最小化、资源利用最大化，从而为 WEEE 回收处理做出贡献，也属于参与 WEEE 回收的行为。

笔者在研究、阅读并总结大量相关文献，以及咨询相关专家的基础上，确定了对生产者参与 WEEE 回收产生影响的核心因素，即绩效期望、易用期望、社会影响、感知风险、促进条件和行为意向。另外，研究选取企业规模、企业性质、发展阶段、成立年限作为控制变量，并分析其对核心影响因素的调节作用。研究模型如图 6-2 所示。

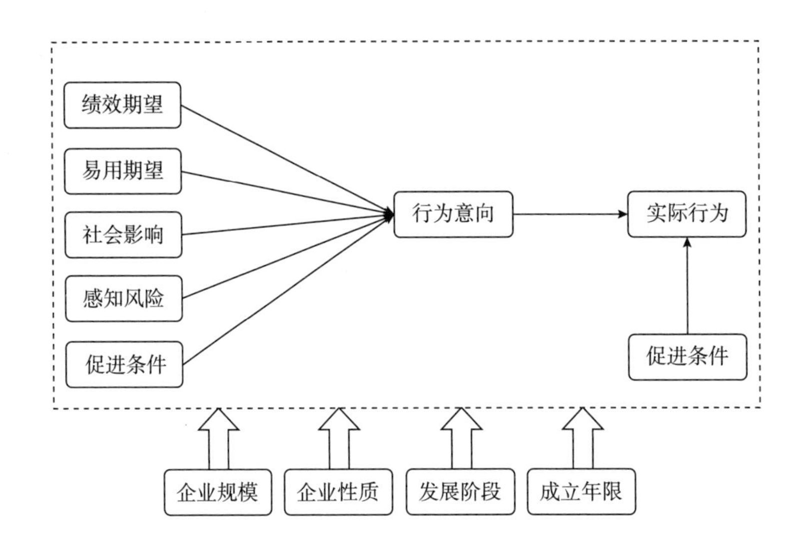

图 6-2 生产者参与 WEEE 回收影响因素研究模型

研究模型分为四个部分：

（1）自变量：绩效期望、易用期望、社会影响、感知风险、促进条件。

（2）中间变量：行为意向。

（3）因变量：实际行为。

（4）调节变量：企业规模、企业性质、发展阶段、成立年限。

一 绩效期望

在 UTAUT 模型中，绩效期望被定义为“使用某个系统（或某个技术）可帮助个人提高工作效率”。在本节中，绩效期望指生产者响应 EPR 政策参与 WEEE 回收为其带来的经济和环境方面的效益。企业实施的绿色实践行为与企业的绩效呈正相关，通过实施绿色实践行为可提高企业绩效（Douglas，2014）。当生产者意识到参与 WEEE 回收会为其带来更多的效益时，会更倾向于参与 WEEE 回收。因此，本节提出以下假设：

H6-1：绩效期望对生产者参与 WEEE 回收意向具有正向影响。

本节设计了 5 个相应问题（见表 6-1），以衡量绩效期望对生产者参与 WEEE 回收的影响程度。

表 6-1 生产者参与 WEEE 回收绩效期望测量维度

影响因素	测量变量	问题
绩效期望（PE）	PE1	企业参与 WEEE 回收可以节约原材料，降低生产成本
	PE2	企业参与 WEEE 回收可以减少环境治理成本（基金、排污费、处罚费等）
	PE3	企业参与 WEEE 回收可以提高经济收益，如再制造品、再销售
	PE4	企业参与 WEEE 回收有利于企业在设计、生产、销售、回收等各个环节都贯彻绿色环保的理念
	PE5	企业参与 WEEE 回收有利于企业塑造环境友好的形象

二 易用期望

在 UTAUT 模型中，易用期望被定义为“某个系统（或某项技术）容易使用和采纳的程度”。在本节中，易用期望是指生产者参与 WEEE 回收的容易程度，主要是指企业是否有足够的实力支持其参与 WEEE 回收。企业要具有实施更高水平的环境责任行为的实力，包括资源条件及技术条件等（Rugman and Verbeke，2002），也就是企业的易用期望越高，企业越倾向于参与 WEEE 回收。因此，本节提出以下假设：

H6-2：易用期望对生产者参与 WEEE 回收意向具有正向影响。

本节设计了 3 个相应问题（见表 6-2），以衡量易用期望对生产者参与 WEEE 回收的影响程度。

表 6-2　　　　生产者参与 WEEE 回收易用期望测量维度

影响因素	测量变量	问题
易用期望（EE）	EE1	企业能够且容易获得参与 WEEE 回收所需要的技术和服务
	EE2	企业具备参与 WEEE 回收必要的企业资源（人、财、物）
	EE3	参与 WEEE 回收对于企业是潜在可实现的事情

三　社会影响

在 UTAUT 模型中，社会影响被定义为“主体体会到的受周围影响的程度”。在本节中，社会影响具体是指政策法规、社会因素、同行竞争等对生产者参与 WEEE 回收意向的影响。政府的环境规制会促使企业实施绿色行为（Porter and Linde，1995）；消费者需求及同行竞争等均对企业行为产生影响（Alberto，2012）。因此，本节提出以下假设：

H6-3：社会影响对生产者参与 WEEE 回收意向具有正向影响。

本节设计了 6 个相应问题（见表 6-3），以衡量社会影响对生产者参与 WEEE 回收的影响程度。

表 6-3　　　　生产者参与 WEEE 回收社会影响测量维度

影响因素	测量变量	问题
社会影响（SI）	SI1	政府制定的环保法规、回收管理条例会促使企业参与 WEEE 回收
	SI2	政府的环保类补贴和相关税收优惠会促使企业参与 WEEE 回收
	SI3	政府监督力度强，会促使企业参与 WEEE 回收
	SI4	竞争对手主动参与 WEEE 回收会促使企业参与 WEEE 回收
	SI5	消费者绿色意识增强会促使企业参与 WEEE 回收
	SI6	社会力量的存在（行业协会、媒体、环保组织等）会促使企业参与 WEEE 回收

四　感知风险

斯通和温特（Stone and Winter，1987）将由主观决定的对损失的预期作为风险的定义，即损失的可能性越大，个体认为存在的风险越大。雅各比和卡普兰（Jacoby and Kaplan，1972）将感知风险理论划分为五种，分别是财务风险、功能风险、身体风险、心理风险和社会风险，通过回归分析和相关分析的方法，验证了它们对总感知风险的解释能力达到73%，为后续学者的研究提供了划分方式的理论基础。在雅各比等研究的基础上，皮特和塔佩（Peter and Tarpey，1975）增加了时间风险因素，使模型解释程度上升到了88.8%。在本节中，感知风险主要是指参与WEEE回收可能为生产者带来的绩效风险、财务风险及时间风险。因此，本节提出以下假设：

H6-4：感知风险对生产者参与WEEE回收意向具有负向影响。

本节设计了3个相应问题（见表6-4），以衡量感知风险对生产者参与WEEE回收的影响程度。

表6-4　　生产者参与WEEE回收感知风险测量维度

影响因素	测量变量	问题
感知风险（PR）	PR1	企业参与WEEE回收具有不确定性，可能产生回收货源不足、设备利用率不高等问题
	PR2	企业参与WEEE回收初期设备投资较大，可能无法盈利甚至导致亏损
	PR3	企业担心组织管理WEEE回收需要耗费大量的时间和精力

五　促进条件

促进条件指的是主体所感受到的组织在相关技术、设备方面对系统使用的支持程度，也可以理解为主体主观地认为目前可获得的相关条件对采纳行为的支持程度。在本节中指的是生产企业高层管理者的理念与WEEE回收行为的一致程度以及客观的便利条件。企业管理者的绿色意识越强，越会正向影响企业参与WEEE回收的意向。因此，本节提出以下假设：

H6-5：促进条件对生产者参与WEEE回收意向具有正向影响。

本节设计了 4 个相应问题（见表 6-5），以衡量促进条件对生产者参与 WEEE 回收的影响程度。

表 6-5　　　　生产者参与 WEEE 回收促进条件测量维度

影响因素	测量变量	问题
促进条件（FC）	FC1	企业听说过或了解生产者责任延伸制度（EPR）
	FC2	企业管理者有积极的环境价值观，愿意为 WEEE 回收安排资源
	FC3	企业管理者注重绿色理念，将环保理念作为企业文化建设的重要组成部分
	FC4	企业能够获得专门的部门和人员帮助解决 WEEE 回收中遇到的困难

六　行为意向

在 UTAUT 模型中，行为意向反映了主体对从事某项行为的意愿，它对主体的实际行为具有引导性的影响。在本节中，行为意向指的是生产者对于参与 WEEE 回收的倾向。本节提出以下假设：

H6-6：行为意向对生产者参与 WEEE 回收行为具有正向影响。

本节设计了 3 个相应问题（见表 6-6）衡量生产者参与 WEEE 回收的行为意向。

表 6-6　　　　生产者参与 WEEE 回收行为意向测量维度

影响因素	测量变量	问题
行为意向（IU）	IU1	企业愿意了解 WEEE 回收相关的信息，包括 EPR
	IU2	企业愿意参与和推进 WEEE 回收
	IU3	企业愿意不断改进技术和管理，提高 WEEE 回收处理的效率

七　实际行为

在本节中，实际行为指的是生产者实际参与 WEEE 回收的行为。本节设计了 5 个相应问题（见表 6-7）测量生产者的实际 WEEE 回收行为。

表 6-7 生产者参与 WEEE 回收实际行为测量维度

影响因素	测量变量	问题
实际行为（UB）	UB1	企业履行了生产者责任延伸制度责任（EPR）
	UB2	企业曾经或现在正在参与 WEEE 回收
	UB3	企业通过自身/委托第三方/加入由生产者组成的回收联盟等方式对废弃资源进行回收处理和利用
	UB4	企业通过自身/委托第三方/加入由生产者组成的回收联盟等方式对销售后的废旧产品进行回收
	UB5	企业在产品生产的源头采用绿色生态设计

第三节 问卷结果分析

为测试问卷设计的有效性，课题组发放了 50 份问卷用于预调研，回收后对测试问卷结果进行了分析，对可能会对被调查者产生误导及本身存在歧义的问题进行修正和完善，使其更符合调研目的。问卷见附录 2。经过修改之后，课题组通过线上和线下的方式共发放正式问卷 303 份，回收 303 份，其中，有效问卷 301 份，有效率为 99.3%。

一 企业基本信息统计

通过对 301 份有效问卷的统计，得到受调查企业的规模、性质、发展阶段、成立年限的分布情况，如表 6-8 所示。

表 6-8 企业基本信息

	特征指标	数量（家）	比例（%）
企业规模	300 万元以下	2	0.7
	300 万—2000 万元	24	8.0
	2000 万—40000 万元	46	15.3
	40000 万元以上	229	76.1

续表

	特征指标	数量（家）	比例（%）
企业性质	国有及国有控股企业	43	14.3
	集体企业	6	2.0
	民营企业	168	55.8
	中外合资企业	16	5.3
	外商独资企业	64	21.3
	其他	4	1.3
发展阶段	创业阶段	2	0.7
	成长阶段	55	18.3
	成熟阶段	219	72.8
	衰退阶段	25	8.3
成立年限	1—5 年	12	4.0
	6—10 年	39	13.0
	11—15 年	31	10.3
	16—20 年	24	8.0
	21 年及以上	195	64.8

注：因四舍五入导致的误差，本书不做调整。下同。

数据显示，本次受调查企业 2018 年度主营业务销售额在 40000 万元以上的超过受调查企业总数的 76%。企业的人力及财力资源是参与 WEEE 回收的重要保障。

一般来说，企业的规模与参与 WEEE 回收的保障成正比，企业规模越大，则参与 WEEE 回收的保障的拥有量也就越多。受调查企业超过半数为民营企业，占总数的 55.8%，外商独资企业占 21.3%。受调查企业大部分处于成熟阶段，比例为 72.8%，且受调查企业的成立年限大部分为 21 年及以上。成熟阶段的企业为了寻求市场机会，更倾向参与 WEEE 回收，并且能够有足够的资源支持。

二　信度分析

信度（Reliability）即可靠性，是指测量结果的可靠性、一致性和稳定性。方法是通过对被测者采用同一方法进行反复测量后，观察测量结果是否稳定，测验信度的高低通常用内部一致性来表示。本章分析采用统计软件 SPSS 中的克朗巴哈系数法（Cronbach' s α）检验量表，通过求得各变量内部一致性系数来验证问卷的信度。信度系数越高表示该测验的结果越一致、可靠。其判断标准见表 6-9。

表 6-9　　Cronbach' s α 信度判断标准

Cronbach' s α 值	标准
Cronbach' s α≤0.3	不可信
0.3<Cronbach' s α≤0.4	勉强可信
0.4<Cronbach' s α≤0.5	可信
0.5<Cronbach' s α≤0.7	较为可信
0.7<Cronbach' s α≤0.9	很可信
Cronbach' s α>0.9	十分可信

问卷信度分析结果见表 6-10。可以看出，问卷各变量 Cronbach' s α 值均大于 0.7 且小于 0.9，问卷信度符合要求。

表 6-10　　生产者参与 WEEE 回收问卷信度统计

变量名称	Cronbach' s α
绩效期望	0.800
易用期望	0.763
社会影响	0.801
感知风险	0.760
促进条件	0.758
行为意向	0.819
实际行为	0.813

三　效度分析

效度即有效性，通常是指测量工具能够测出所要测量特质的程度，简单来说就是指一个测验的有效性和准确性。一般来说，测量结果与要考察的内容越吻合则表明效度越高；测量结果与要考察的内容越不吻合则表明效度越低。信度是效度的必要条件，用没有信度的量表进行效度分析没有意义，但信度高的量表未必具有很好的效度，因此效度分析十分必要。通常问卷的效度包括三个标准：一是内容效度；二是结构效度；三是校标关联效度。本章对问卷的结构效度进行重点分析。

问卷的结构效度指实验与理论之间的一致性，即实验是否真正测量到假设（构造）的理论。研究采用 SPSS 工具，利用恺撒—迈耶—奥尔金（Kaiser Meyer Olkin，KMO）测度及巴特莱特（Bartlett）球形检验来检验问卷是否适合进行因子分析。当 KMO 测度在 0.5 以下时，不适合因子分析；在 0.5 和 0.6 之间时，不太合适分析；在 0.6 和 0.7 之间时，勉强可以分析；在 0.7 和 0.8 之间时，适合因子分析，在 0.8 和 0.9 之间时，很适合因子分析；当 KMO 达到 0.9 以上，则非常适合分析。表 6-11 是问卷的 KMO 检验及 Bartlett 球形检验结果。

由表 6-11 可以看出，问卷总体 KMO 值为 0.936，非常适合进行进一步分析；Bartlett 球形检验显著性水平（P）值为 0.000，达到显著标准。

表 6-11 问卷整体的 KMO 检验及 Bartlett 球形检验结果（生产者）

检验指标	值
KMO	0.936
Bartlett 球形检验（P）	0.000

如表 6-12 所示，问卷中各个变量的 KMO 均不低于 0.6，Bartlett 球形检验均达到显著，各变量的总体解释度均可以达到要求，因此问卷所有问题均达到保留标准。

表 6-12 各因素的 KMO 检验及 Bartlett 球形检验结果（生产者）

变量	KMO	Bartlett		
		近似卡方	自由度	P
绩效期望	0.774	465.164	10	0.000
易用期望	0.692	228.588	3	0.000

续表

变量	KMO	Bartlett		
		近似卡方	自由度	P
社会影响	0.831	493.202	15	0.000
感知风险	0.696	219.794	3	0.000
促进条件	0.746	286.454	6	0.000
行为意向	0.714	317.334	3	0.000
实际行为	0.801	468.633	10	0.000

另外，本书采用 Amos 进行验证性因子分析，根据问卷调查的结果，研究架构中各测量变量与潜在变量之间的因素分析，分析结果如表 6-13 所示。验证性因子分析中，观察变量（测量题项/测量变量）对潜在变量（影响因素）的显著性检验是以 C. R. 值（组合信度）进行测定的，C. R. 值越大表示越显著，C. R. 值的绝对值大于 1.96 即可视为显著。由表 6-13 可知，各测量变量的 C. R. 值的绝对值均大于 1.96，即路径系数均具有统计上的意义。

表 6-13　　测量变量与潜在变量因素分析结果（生产者）

因果分析	路径系数	标准误差	C. R.	P
PE5<---PE	1.000			
PE4<---PE	1.040	0.113	9.190	***
PE3<---PE	1.148	0.136	8.412	***
PE2<---PE	1.208	0.140	8.654	***
PE1<---PE	1.125	0.140	8.023	***
EE3<---EE	1.000			
EE2<---EE	1.268	0.135	9.411	***
EE1<---EE	1.340	0.142	9.457	***
SI6<---SI	1.000			
SI5<---SI	1.158	0.137	8.439	***
SI4<---SI	1.054	0.140	7.557	***

续表

因果分析	路径系数	标准误差	C. R.	P
SI3<---SI	1. 301	0. 142	9. 146	***
SI2<---SI	1. 258	0. 139	9. 076	***
SI1<---SI	1. 247	0. 151	8. 246	***
PR3<---PR	1. 000			
PR2<---PR	0. 939	0. 104	9. 012	***
PR1<---PR	0. 964	0. 106	9. 118	***
FC4<---FC	1. 000			
FC3<---FC	0. 960	0. 105	9. 169	***
FC2<---FC	1. 139	0. 112	10. 167	***
FC1<---FC	0. 743	0. 094	7. 927	***
IU3<---IU	1. 000			
IU2<---IU	1. 054	0. 075	14. 010	***
IU1<---IU	0. 882	0. 071	12. 403	***
UB5<---UB	1. 000			
UB4<---UB	0. 926	0. 095	9. 741	***
UB3<---UB	1. 003	0. 095	10. 545	***
UB2<---UB	0. 957	0. 093	10. 330	***
UB1<---UB	1. 092	0. 095	11. 481	***

注：P 为显著性水平，如果 P<0. 01，以 *** 表示，即各测量变量的回归系数显著。

四　方差分析

方差分析（Analysis of Variance，ANOVA）是从观测变量的方差入手，研究诸多控制变量中哪些变量对观测变量有显著影响。本节运用 SPSS 软件，采用单因素分析方法，探索企业规模、企业性质、发展阶段以及成立年限 4 个调节变量对生产者参与 WEEE 回收行为绩效期望、易用期望等 7 个因素是否有不同的影响。

（一）企业规模对各变量的单因素方差分析

本章将企业规模划分为 300 万元以下、300 万—2000 万元、2000 万—40000 万元、40000 万元以上 4 个组，经过分析，企业规模的单因素方差分析输出结果如表 6-14 所示。

表 6-14　　　　企业性质对各变量的单因素方差分析

变量	分类	平方和	自由度	均方	F	P
绩效期望	组间（组合）	4. 313	3	1. 438	3. 179	0. 024
	组内	134. 330	297	0. 452		
	总计	138. 643	300			
易用期望	组间（组合）	5. 692	3	1. 897	3. 706	0. 012
	组内	152. 058	297	0. 512		
	总计	157. 750	300			
社会影响	组间（组合）	2. 809	3	0. 936	2. 512	0. 059
	组内	110. 709	297	0. 373		
	总计	113. 518	300			
感知风险	组间（组合）	1. 535	3	0. 512	0. 742	0. 528
	组内	204. 768	297	0. 689		
	总计	206. 303	300			
促进条件	组间（组合）	2. 806	3	0. 935	2. 068	0. 105
	组内	134. 369	297	0. 452		
	总计	137. 176	300			
行为意向	组间（组合）	3. 013	3	1. 004	1. 841	0. 140
	组内	162. 026	297	0. 546		
	总计	165. 039	300			
实际行为	组间（组合）	4. 382	3	1. 461	3. 374	0. 019
	组内	128. 572	297	0. 433		
	总计	132. 954	300			

注：若 P（显著性水平）<0. 05，则拒绝原假设；反之，则接受原假设。

由表 6-14 可知，绩效期望、易用期望和实际行为 3 个变量的显著性水平均小于 0. 05，说明企业规模在绩效期望、易用期望和实际行为 3 个变量上的作用有显著差异；而企业规模对社会影响、感知风险、促进条件和行为意向变量的作用并无显著差异。

（二）企业性质对各变量的单因素方差分析

本章将企业性质划分为国有及国有控股企业、集体企业、民营企业、中外合资企业、外商独资企业、其他6个组，经过分析，企业性质的单因素方差分析的输出结果如表6-15所示。

表6-15　　企业性质对各变量的单因素方差分析

变量	分类	平方和	自由度	均方	F	P
绩效期望	组间（组合）	1.520	5	0.304	0.654	0.659
	组内	137.124	295	0.465		
	总计	138.643	300			
易用期望	组间（组合）	3.064	5	0.613	1.169	0.325
	组内	154.686	295	0.524		
	总计	157.750	300			
社会影响	组间（组合）	2.228	5	0.446	1.181	0.318
	组内	111.290	295	0.377		
	总计	113.518	300			
感知风险	组间（组合）	1.653	5	0.331	0.477	0.794
	组内	204.650	295	0.694		
	总计	206.303	300			
促进条件	组间（组合）	1.812	5	0.362	0.790	0.558
	组内	135.364	295	0.459		
	总计	137.176	300			
行为意向	组间（组合）	3.053	5	0.611	1.112	0.354
	组内	161.985	295	0.549		
	总计	165.039	300			
实际行为	组间（组合）	2.455	5	0.491	1.110	0.355
	组内	130.499	295	0.442		
	总计	132.954	300			

注：若P（显著性水平）<0.05，则拒绝原假设；反之，则接受原假设。

由表6-15可知，7个测量因子的显著性水平均大于0.05，企业性质对绩效期望、易用期望、社会影响、感知风险、促进条件、行为意向及实际行为 7 个变量的作用并没有显著差异。

（三）发展阶段对各变量的单因素方差分析

本章将企业发展阶段分为创业阶段、成长阶段、成熟阶段、衰退阶段四个组，经过分析，发展阶段的单因素方差分析的输出结果如表 6-16 所示。

表 6-16　　企业发展阶段对各变量的单因素方差分析

变量	分类	平方和	自由度	均方	F	P
绩效期望	组间（组合）	1. 704	3	0. 568	1. 232	0. 298
	组内	136. 940	297	0. 461		
	总计	138. 643	300			
易用期望	组间（组合）	6. 279	3	2. 093	4. 104	0. 007
	组内	151. 471	297	0. 510		
	总计	157. 750	300			
社会影响	组间（组合）	3. 721	3	1. 240	3. 355	0. 019
	组内	109. 797	297	0. 370		
	总计	113. 518	300			
感知风险	组间（组合）	3. 760	3	1. 253	1. 838	0. 140
	组内	202. 543	297	0. 682		
	总计	206. 303	300			
促进条件	组间（组合）	4. 879	3	1. 626	3. 651	0. 013
	组内	132. 297	297	0. 445		
	总计	137. 176	300			
行为意向	组间（组合）	2. 855	3	0. 952	1. 743	0. 158
	组内	162. 184	297	0. 546		
	总计	165. 039	300			
实际行为	组间（组合）	3. 749	3	1. 250	2. 872	0. 037
	组内	129. 205	297	0. 435		
	总计	132. 954	300			

注：若 P（显著性水平）<0. 05，则拒绝原假设；反之，则接受原假设。

由表 6-16 可知，易用期望、社会影响、促进条件、实际行为 4 个变量的显著性水平小于 0. 05，说明处于不同发展阶段的电器电子产品生产企业在这四个方面存在显著差异；而在绩效期望、感知风险和行为意向这三个方面差异不大。

（四）企业成立年限对各变量的单因素方差分析

本章将企业成立年限分为1—5年、6—10年、11—15年、16—20年、21年及以上5个组，经过分析，企业成立年限的单因素方差分析的输出结果如表6-17所示。

由表6-17可知，7个测量因子的显著性水平均大于0.05，说明成立年限不同的电器电子产品生产企业在绩效期望、易用期望、社会影响、感知风险、促进条件、行为意向及实际行为方面并没有显著差异。

表6-17 企业成立年限对各变量的单因素方差分析

变量	分类	平方和	自由度	均方	F	P
绩效期望	组间（组合）	1.186	4	0.297	0.639	0.635
	组内	137.457	296	0.464		
	总计	138.643	300			
易用期望	组间（组合）	1.404	4	0.351	0.665	0.617
	组内	156.346	296	0.528		
	总计	157.750	300			
社会影响	组间（组合）	0.818	4	0.204	0.537	0.709
	组内	112.700	296	0.381		
	总计	113.518	300			
感知风险	组间（组合）	1.858	4	0.464	0.672	0.612
	组内	204.446	296	0.691		
	总计	206.303	300			
促进条件	组间（组合）	2.638	4	0.659	1.451	0.217
	组内	134.538	296	0.455		
	总计	137.176	300			

续表

变量	分类	平方和	自由度	均方	F	P
行为意向	组间（组合）	1.954	4	0.488	0.887	0.472
	组内	163.085	296	0.551		
	总计	165.039	300			
实际行为	组间（组合）	0.851	4	0.213	0.477	0.753
	组内	132.103	296	0.446		
	总计	132.954	300			

注：若 P（显著性水平）<0.05，则拒绝原假设；反之，则接受原假设。

第四节　基于结构方程模型的假设检验

本节对 UTAUT 模型进行结构方程模型分析，经过调试得到拟合度符合要求的模型，并对假设检验结果进行分析。

一　指标象征性得分

调查问卷采用李克特五级量表，请受访者根据自己所在企业的实际情况进行打分，用数字 1—5 依次表示“完全不符合”“不太符合”“不清楚”“符合”“完全符合”。李克特量表因容易设计、更具信度以及被测者能够迅速选择答案等优点而被广泛使用。

表 6-18 对每个指标及其对应问题给出了得分，直观反映了受访者对各个因素所持的态度，在一定程度上反映了其对各因素的评价。感知风险变量得分为 3.34 分，分数较低，说明参与 WEEE 回收可能存在的风险对电器电子产品生产者回收行为的影响适中；行为意向变量得分最高，为 4.01 分，说明生产者对于参与 WEEE 回收的态度是积极的；绩效期望、易用期望、社会影响、促进条件 4 个变量的得分相近且较高，说明生产者在考虑参与 WEEE 回收时，这 4 个变量对企业的影响程度相近；实际行为变量的得分较高，为 3.89 分，说明多数企业在一定程度上参与了 WEEE 回收。

表 6-18　　指标象征性得分（生产者）

变量	问题编号	问题得分	变量得分
绩效期望	S1	3. 55	3. 82
	S2	3. 72	
	S3	3. 70	
	S4	3. 96	
	S5	4. 15	
易用期望	S6	3. 71	3. 89
	S7	3. 95	
	S8	4. 00	
社会影响	S9	3. 92	3. 87
	S10	3. 90	
	S11	3. 91	
	S12	3. 62	
	S13	3. 87	
	S14	4. 01	
感知风险	S15	3. 29	3. 34
	S16	3. 39	
	S17	3. 35	
促进条件	S18	3. 78	3. 88
	S19	3. 88	
	S20	4. 08	
	S21	3. 79	
行为意向	S22	3. 96	4. 01
	S23	4. 03	
	S24	4. 05	
实际行为	S25	3. 79	3. 89
	S26	3. 90	
	S27	3. 83	
	S28	3. 84	
	S29	4. 07	

二 结构方程模型分析

本节采取了结构方程（Structural Equation Modeling，SEM）分析方法对生产者参与 WEEE 回收影响因素开展进一步研究。结构方程模型属于多变量统计，其统计方法包含了因素分析与路径分析，将测量与分析合二为一，近年来受到许多学者青睐（Kelloway，1996；Moustaki et al.，2004）。在结构方程模型的分析软件中，被使用最多且最广为人知的有 LISREL 与 Amos。考虑到 Amos 简单易操作、全图形式界面清晰易懂的优势，采用 Amos 软件对研究结果进行分析。结构方程模型如图 6-3 所示。

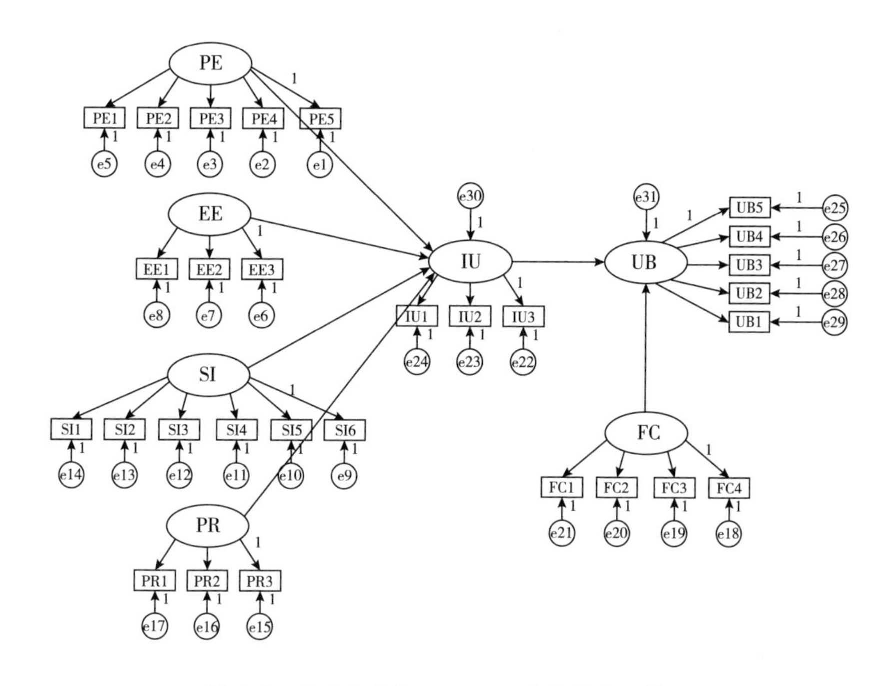

图 6-3 生产者参与 WEEE 回收结构方程模型

根据结构方程模型一般检验标准，采用 Amos22.0 软件进行结构方程模型分析，各项指标的拟合指数取值范围如表 6-19 所示。

表 6-19　　各项指标的拟合指数取值范围

指标	含义	标准
CMIN/DF	卡方值与自由度比	小于 5
GFI	适配度指数	0—1；越接近 1 越好，一般要求大于 0.8
NFI	规范拟合指数	0—1；越接近 1 越好，一般要求大于 0.9 但在其他指标较好的情况下，0.8—0.9 也可接受
IFI	绝对拟合指数	0—1；越接近 1 越好，一般要求大于 0.9 但在其他指标较好的情况下，0.8—0.9 也可接受
CFI	比较拟合指数	0—1；越接近 1 越好，一般要求大于 0.9 但在其他指标较好的情况下，0.8—0.9 也可接受
RMSEA	渐进残差均方平方根	小于 0.05 较好；0.05—0.08 可以接受；0.08—0.10 不接受
PNFI	节俭调整指数	大于 0.5；越接近 1 越好
PGFI	节俭调整指数	大于 0.5；越接近 1 越好

模型拟合指数如表 6-20 所示。研究模型中，仅有 CMIN/DF、PNFI 及 PGFI 三个指标可以达到标准要求，说明模型模拟程度较差，需要进行进一步修改。

表 6-20　　生产者参与 WEEE 回收结构方程模型初次拟合结果

指标	CMIN/DF	GFI	IFI	CFI	RMSEA	PNFI	PGFI
测算指标	<5	>0.8	>0.8	>0.8	<0.08	>0.5	>0.5
测算结果	3.401	0.769	0.697	0.763	0.089	0.637	0.656
适配判断	适配	不适配	不适配	不适配	不适配	适配	适配

根据修正指标 M.I.，对模型进行进一步调整，修正指标在 5 以上则表示变量间依旧存在参数释放空间，需要进一步修正。由表 6-21 可知，EE 与 FC 间 M.I. 为最大，因此，首先对其进行修正，修正后各项指标的拟合指数取值范围及模型拟合结果如表 6-22 所示。

表 6-21　　生产者参与 WEEE 回收结构方程模型初次修正指标

变量	影响	变量	M. I.	Par Change
SI	<-->	FC	139. 140	0. 241
EE	<-->	FC	141. 298	0. 279
EE	<-->	SI	124. 017	0. 199
PE	<-->	FC	118. 892	0. 261
PE	<-->	SI	94. 596	0. 177
PE	<-->	EE	89. 401	0. 198

表 6-22　　生产者参与 WEEE 回收结构方程模型最终拟合结果

指标	CMIN/DF	GFI	IFI	CFI	RMSEA	PNFI	PGFI
测算指标	<5	>0. 8	>0. 8	>0. 8	<0. 08	>0. 5	>0. 5
测算结果	2. 845	0. 812	0. 820	0. 818	0. 078	0. 681	0. 691
适配判断	适配	适配	适配	适配	适配	适配	适配

此时，全部指标均适配。最终模型如图 6-4 所示。

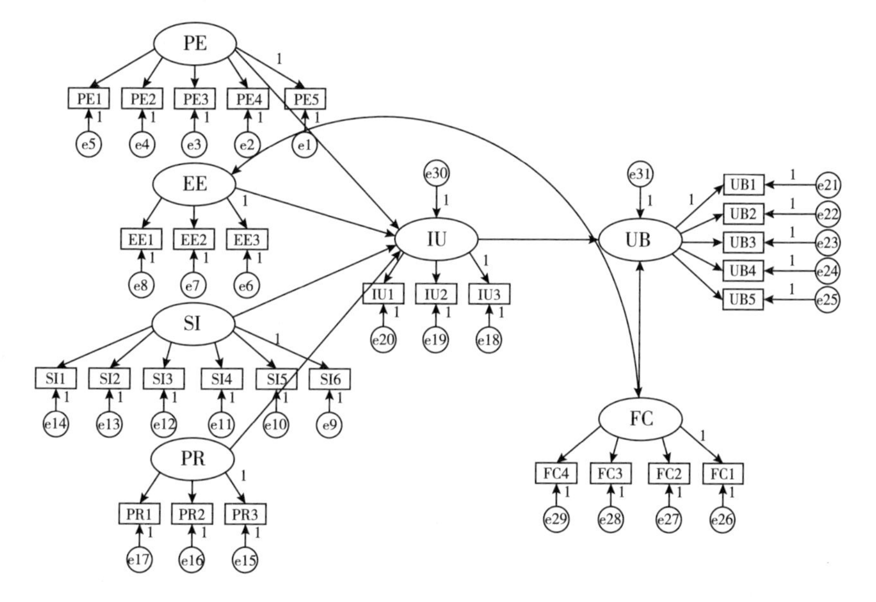

图 6-4　生产者参与 WEEE 回收结构方程模型

三 假设检验结果

模型结果显示，各变量间标准化路径系数、标准误差、显著性及检验如表 6-23 所示。

表 6-23　　生产者参与 WEEE 回收路径系数检验

变量	路径	变量	系数	标准误差	C. R.	P	验证结果
IU	<---	PE	0. 319	0. 080	3. 986	***	通过
IU	<---	EE	0. 821	0. 129	6. 356	***	通过
IU	<---	SI	0. 294	0. 105	2. 810	0. 005	不通过
IU	<---	PR	-0. 057	0. 043	-1. 344	0. 179	不通过
UB	<---	IU	0. 444	0. 111	4. 015	***	通过
UB	<---	FC	0. 749	0. 190	3. 936	***	通过
EE	<-->	FC	0. 204	0. 032	6. 437	***	通过

注：*** 表示 P<0. 001，十分显著，** 表示 P<0. 01，较为显著，* 表示 P<0. 05，显著。

根据假设检验结果，社会影响和感知风险对行为意向的作用关系假设未能通过检验，假设 H6-3、假设 H6-4 不成立。此外，易用期望与促进条件之间存在两两相互影响关系，促进条件虽未直接对行为意向造成影响，但其通过影响易用期望，间接对行为意向产生了一定的影响。

第五节　结果与讨论

为对问卷内部信度进行检验，本章采用的分析工具为 SPSS 22. 0 软件。结果表明，问卷 Cronbach's α 数值为 0. 928，表明测量信度良好，问卷真实可信。对问卷效度进行检验，结果显示，问卷总体 KMO 值为 0. 936，非常适合进行进一步分析；Bartlett 球形检验 P 值为 0. 000，达到显著标准。随后，本书采用 Amos 进行验证性因子分析以及结构方程模型构建，根据问卷调查的结果，研究各测量变量与潜在变量之间的因素分析，各测量变量 C. R. 值的绝对值都大于 1.96，因而显著，表示该参数具有统计上的意义，整个问卷的测量品质良好。

随后，本章运用 SPSS 软件，采用单因素分析方法探索企业规模、企业性质、发展阶段和成立年限 4 个调节变量的影响度。研究结果显示，企业规模在绩效期望、易用期望和实际行为 3 个变量上的作用有显著差异；企业性质在各变量上的作用并无显著差异；发展阶段对易用期望、社会影响、促进条件、实际行为 4 个变量的作用存在显著差异；成立年限在各变量上的作用无显著差异。

通过对问卷指标象征性得分分析可以看出，参与 WEEE 回收的潜在风险对大部分电器电子产品生产企业并无太大影响，生产企业对于参与 WEEE 回收的态度比较积极，并且多数企业在一定程度上参与 WEEE 回收。

本章对模型进一步分析，利用 Amos 软件，采取了结构方程模型的分析方法。在研究初始模型中，仅有 CMIN/DF、PNFI 及 PGFI 3 个指标可以达到标准要求，说明模型模拟程度较差，需要进行进一步修改。对模型进行修改后，全部指标均达到适配标准。最终模型显示：绩效期望、易用期望对行为意向有正向影响；促进条件、行为意向对实际行为有正向影响；社会影响与行为意向之间无显著的正向影响；感知风险与行为意向之间不存在显著的负向影响；易用期望与促进条件之间存在两两相互影响关系，促进条件虽未直接对行为意向造成影响，但其通过影响易用期望，间接对行为意向产生了一定的影响。

绩效期望在本章中具体是生产者响应 EPR 政策参与 WEEE 回收为其带来的经济和环境方面的效益。生产者参与 WEEE 回收的绩效期望主要集中于环境治理成本的减少。因此，政府为了激励生产企业参与 WEEE 回收，应该制定约束和激励相容的环境政策（基金制度、环境税等）。

易用期望在本章中具体是生产者参与 WEEE 回收的容易程度，主要是指企业是否具有足够的实力支持其参与 WEEE 回收。结合具体设置问题可知，生产企业对于参与 WEEE 回收的易用期望主要集中于获得所需技术和服务以及必要资源（人、财、物）的容易程度。考虑到处理提炼 WEEE 内的一些元素需要很高的技术工艺或是进口国外的配套设备，并且这些需要巨大投入，对此，政府应加大相应的扶持政策力度，降低生产者参与 WEEE 回收的难度。

促进条件在本章中指的是生产企业高层管理者的理念与 WEEE 回收行为的一致程度以及客观的便利条件。企业管理者的绿色意识越强，越会正向影响企业参与 WEEE 回收的意向。结合问卷中所涉及的具体问题可知，企业是否参与 WEEE 回收很大程度上被企业管理者的意愿所影响。因此，政府和相关社会力量应加强宣传力度，增强企业管理者的社会责任感。

行为意向在本章中具体是生产者对于参与 WEEE 回收的倾向。结合上述研究结果可知，大部分企业参与 WEEE 回收的态度很积极，对 WEEE 回收的意义表示认可，政府应利用好这一优势，从多渠道向生产者宣传参与 WEEE 回收的益处，鼓励生产者参与回收。

第七章　消费者参与废弃家电回收行为的影响因素

消费者参与 WEEE 回收可以归纳为两种类型：一种是通过非正规渠道进行回收，主要是通过个体回收者实现；另一种是通过正规渠道进行回收，正规回收渠道包括互联网回收、回收站和相应产品以旧换新等。促进消费者参与正规回收从而有效监管和控制 WEEE 流入非规范处理渠道，对于 WEEE 循环产业的健康发展尤为重要。基于此，本章和第八章均选取了 WEEE 循环产业链中最重要的利益相关者消费者（居民）作为研究对象。WEEE 包含了废弃家电和废弃电子产品。由于废弃家电和废弃电子产品在信息存储方面存在差异性，消费者参与这两大类产品回收的影响因素也存在差异。本章聚焦研究消费者参与废弃家电正规回收的影响因素，为提出促进消费者向正规回收渠道交投废弃家电产品的建议奠定理论基础。

第一节　UTAUT 模型设计

在全面收集、阅读大量相关研究文献并咨询有关专家的基础上，经过归纳整理和分析鉴别，本章确定了对消费者参与废弃家电正规回收产生影响的核心变量，包括绩效期望、易用期望、社会影响、促进条件、行为意向及实际行为。另外，选取年龄、性别、收入、教育水平作为调节变量，研究其对核心变量的调节作用。研究模型如图 7-1 所示。

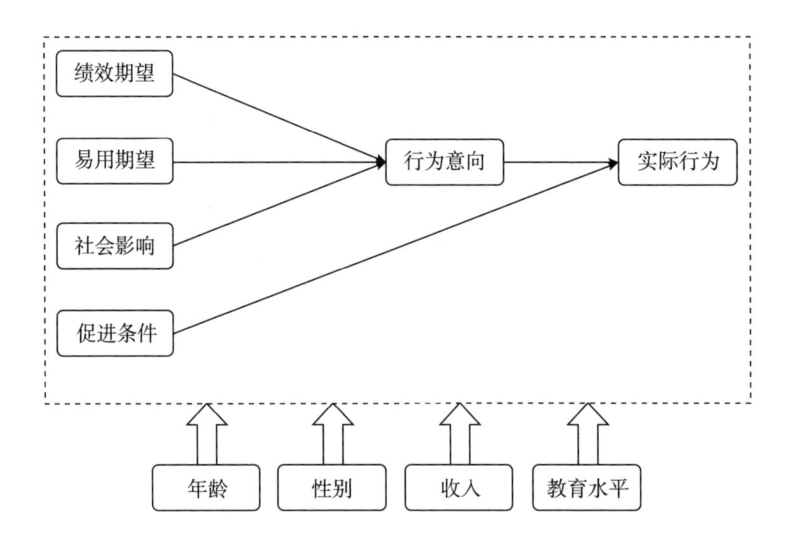

图 7-1　消费者参与废弃家电正规回收影响因素研究模型

本章研究模型分为 4 个部分：

（1）自变量：绩效期望、易用期望、社会影响、促进条件。

（2）中间变量：行为意向。

（3）因变量：实际行为。

（4）调节变量：年龄、性别、收入、教育水平。

一　绩效期望

绩效期望指消费者参与废弃家电正规回收为其带来的经济、环境和生活方面的效益。当消费者意识到进行废弃家电正规回收会为其带来更多的效益时，他们更倾向于进行废弃家电正规回收。因此，提出以下假设：

H7-1：绩效期望正向影响消费者进行废弃家电正规回收意向。

本章设计了 4 个相应问题，以衡量绩效期望对消费者进行废弃家电正规回收的影响程度，如表 7-1 所示。

二　易用期望

易用期望指消费者参与废弃家电正规回收所需花费的时间精力和容易程度。当消费者意识到进行废弃家电正规回收并不会花费过多时

表 7-1　　消费者参与废弃家电正规回收绩效期望测量维度

影响因素	测量变量	问题
绩效期望	PE1	参与废弃家电正规回收可以为我带来相关经济收益
	PE2	参与废弃家电正规回收比闲置或丢弃更利于资源再利用
	PE3	参与废弃家电正规回收有利于节省放置空间
	PE4	参与废弃家电正规回收可以为环保做贡献

间精力、容易掌握时，会更倾向于进行废弃家电正规回收。因此，提出以下假设：

H7-2：易用期望正向影响消费者参与废弃家电正规回收意向。

本章设计了 3 个相应问题，以衡量易用期望对消费者参与废弃家电正规回收的影响程度，如表 7-2 所示。

表 7-2　　消费者参与废弃家电正规回收易用期望测量维度

影响因素	测量变量	问题
易用期望	EE1	我认为进行废弃家电正规回收是容易的，不需要花费很大精力
	EE2	我知道如何进行废弃家电正规回收
	EE3	我能够熟练地通过正规渠道回收废弃家电

三　社会影响

社会影响具体是消费者认为外界（媒体）或者其他亲朋好友以及所在社区对其参与废弃家电正规回收意向的影响。消费者受社会影响程度越高，越倾向于参与废弃家电正规回收。因此，提出以下假设：

H7-3：社会影响正向影响消费者参与废弃家电正规回收意向。

本章设计了 3 个相应问题，以衡量社会影响对消费者参与废弃家电回收的影响程度，如表 7-3 所示。

表 7-3　　消费者参与废弃家电正规回收社会影响测量维度

影响因素	测量变量	问题
社会影响	SI1	我参与废弃家电正规回收受到周围亲朋好友的影响
	SI2	我参与废弃家电正规回收受到媒体宣传的影响
	SI3	我参与废弃家电正规回收受到社区的影响

四　促进条件

促进条件指的是影响消费者参与废弃家电正规回收的客观条件，如消费者的环保理念、参与废弃家电正规回收的必要设施和资源。客观条件越便利，消费者越倾向于参与废弃家电正规回收。因此，做出以下假设：

H7-4：促进条件正向影响消费者参与废弃家电正规回收意向。

本章设计了 4 个相应问题，以衡量促进条件对消费者参与废弃家电正规回收的影响程度，如表 7-4 所示。

表 7-4　　消费者参与废弃家电正规回收促进条件测量维度

影响因素	测量变量	问题
促进条件	FC1	我能够获得参与废弃家电正规回收所需的信息和条件
	FC2	我具有进行废弃家电正规回收所需的知识能力
	FC3	回收网点离我家较近（或网上预约上门取件回收省时、省力）
	FC4	当我进行废弃家电正规回收遇到困难时，能够得到某个人（团队）的帮助和指导

五　行为意向

行为意向指的是消费者参与废弃家电正规回收的行为意向。本章提出以下假设：

H7-5：行为意向正向影响消费者废弃家电正规回收行为。

本章设计了 4 个相应问题，以衡量消费者对于废弃家电正规回收的行为意向，如表 7-5 所示。

表 7-5 消费者参与废弃家电正规回收行为意向测量维度

影响因素	测量变量	问题
行为意向	IU1	我愿意不断了解废弃家电正规回收方式
	IU2	我愿意参与废弃家电正规回收
	IU3	我认为进行废弃家电正规回收很符合我的生活（环保）理念
	IU4	我愿意向家人、朋友、同事等身边人推荐废弃家电正规回收

六 实际行为

实际行为指的是消费者实际参与废弃家电正规回收的行为。

本章设计了 2 个相应问题，以测量消费者参与废弃家电正规回收的实际行为，如表 7-6 所示。

表 7-6 消费者参与废弃家电正规回收实际行为测量维度

影响因素	测量变量	问题
实际行为	UB1	我曾经或现在正通过正规渠道对废弃家电进行回收
	UB2	我曾经向家人、朋友、同事等身边人建议通过正规渠道处理废弃家电

第二节 问卷结果分析

本书课题组先发放了 50 份问卷进行预调研，用来检测问卷问题设计的合理程度，根据预调研结果修改了存在误导、歧义的部分，使测试问卷的内容更加完善、更加贴合调研目的。经过修改之后，发放问卷 500 份，回收问卷 500 份，其中有效问卷 482 份，有效率为 96.4%。

一 问卷描述性统计分析

通过对 482 份有效问卷的统计，得到受调查者的性别、年龄、收入以及教育水平的分布情况，如表 7-7 所示。

表 7-7　　样本人口及社会经济特征

指标	分类	人数（人）	比例（%）
性别	男	172	35.7
	女	310	64.3
年龄	0—18 岁	10	2.1
	19—25 岁	154	32
	26—40 岁	295	61.2
	41—60 岁	22	4.6
	61 岁及以上	1	0.2
收入	0—5000 元	148	30.7
	5000—10000 元	218	45.2
	10000—20000 元	93	19.3
	20000—30000 元	12	2.5
	30000 元以上	11	2.3
教育水平	初中及以下	6	1.2
	高中	54	11.2
	本科	368	76.3
	研究生	54	11.2

调查显示，参与本次调研的受调查者的年龄主要集中在 26—40 岁，占总数的 61.2%，女性受调查者占到了全体的 64.3%。受调查者平均月收入分布集中在 5000—10000 元，占总数的 45.2%。超过 87% 的被调查者教育水平在本科及以上，其中有 76.3%受教育程度为本科，由此可见，研究样本由受教育程度较高人群构成。

二　信度分析

问卷回收之后，通过信度分析检验量表在相关变量上是否具有稳定性和一致性。主要采用统计软件 SPSS 中的 Cronbach's α 系数检验量表。

问卷信度统计情况见表 7-8。可以看出，问卷各变量均较为可信，并且问卷总体 Cronbach's α 数值为 0.835，表明量表整体的一致性及稳定性信度良好，问卷真实可信。

表 7-8　　问卷信度统计

变量	Cronbach's α
绩效期望	0.827
易用期望	0.883
社会影响	0.858
促进条件	0.872
行为意向	0.861
实际行为	0.879
整体信度	0.937

三　效度分析

问卷整体的 KMO 检验及 Bartlett 球形检验结果如表 7-9 所示。

表 7-9　　消费者参与废弃家电正规回收问卷整体 KMO 检验及 Bartlett 球形检验结果

检验指标	检验值
KMO	0.937
Bartlett 球形检验（P）	0.000

可以看出，问卷总体 KMO 值为 0.937，非常有利于进行下一步分析；Bartlett 球形检验 P 值为 0.000，达到显著标准。

问卷中各因素的 KMO 检验及 Bartlett 球形检验结果如表 7-10 所示。

表 7-10　　消费者参与废弃家电正规回收问卷中各因素的 KMO 检验及 Bartlett 球形检验结果

变量	KMO	Bartlett		
		近似卡方	自由度	P
绩效期望	0.793	758.868	6	0.000
易用期望	0.694	933.530	3	0.000

续表

变量	KMO	Bartlett		
		近似卡方	自由度	P
社会影响	0.726	663.191	3	0.000
促进条件	0.792	999.787	6	0.000
行为意向	0.794	940.149	6	0.000
实际行为	0.500	456.953	1	0.000

可以看出，问卷中各个变量的 KMO 均不低于 0.5，Bartlett 球形检验均达到显著，由于各变量的总体解释度均可以达到要求，因此问卷所有问题均达到保留标准。

另外，采用 Amos 进行验证性因子分析以及结构方程模型构建，根据问卷调查的结果，分析研究架构中各测量变量与潜在变量之间的关系，分析结果如表 7-11 所示。

表 7-11　　　　测量变量与潜在变量因素分析结果

测量变量	路径	潜在变量	路径系数	标准误差	C. R.	P
PE4	<---	PE	1.000			
PE3	<---	PE	1.077	0.071	15.245	***
PE2	<---	PE	1.162	0.072	16.201	***
PE1	<---	PE	0.776	0.075	10.368	***
EE3	<---	EE	1.000			
EE2	<---	EE	1.013	0.038	26.821	***
EE1	<---	EE	0.760	0.041	18.335	***
SI3	<---	SI	1.000			
SI2	<---	SI	0.838	0.046	18.402	***
SI1	<---	SI	0.870	0.048	17.983	***
FC4	<---	FC	1.000			
FC3	<---	FC	1.061	0.058	18.331	***
FC2	<---	FC	0.915	0.051	18.047	***

续表

测量变量	路径	潜在变量	路径系数	标准误差	C. R.	P
FC1	<---	FC	0.805	0.048	16.785	***
IU4	<---	IU	1.000			
IU3	<---	IU	1.066	0.068	15.659	***
IU2	<---	IU	0.999	0.064	15.611	***
IU1	<---	IU	0.923	0.069	13.341	***
UB2	<---	UB	1.000			
UB1	<---	UB	1.018	0.058	17.574	***

由表 7-11 可知，各测量变量的 C. R. 值的绝对值均大于 1.96，因此效果较显著，表明其在统计学上具有一定的意义，问卷的整体质量较高。

四 方差分析

利用 SPSS 软件，通过独立样本 T 检验及单因素分析方法来探索性别、年龄、收入和教育水平 4 个调节变量对消费者参与废弃家电正规回收在绩效期望、易用期望等 6 个因素上是否存在显著的影响。

（一）性别对各变量的独立样本 T 检验

首先将性别变量进行了编码，其中“1”代表男性，“2”代表女性。独立样本 T 检验主要是针对两组样本均数差别进行检验的方法，因此性别分组符合该检验方法要求。独立样本 T 检验的输出结果如表 7-12 所示。

表 7-12　　性别独立样本 T 检验

因素	方差方程的 Levene 检验		均值方程的 T 检验		
	F	P	t	自由度	P（双侧）
绩效期望	12.941	0.000	-2.909	480	0.004
			-2.638	266	0.009

续表

因素	方差方程的 Levene 检验		均值方程的 T 检验		
	F	P	t	自由度	P（双侧）
易用期望	0.008	0.927	-0.388	480	0.698
			-0.386	349	0.700
社会影响	0.219	0.640	-0.342	480	0.732
			0.342	352	0.733
促进条件	0.001	0.979	-1.642	480	0.101
			-1.635	348	0.103
行为意向	0.628	0.429	-3.032	480	0.003
			-2.957	328	0.003
实际行为	0.523	0.470	-0.555	480	0.579
			-0.549	342	0.584

注：Levene 检验主要用来检验方差齐性，而 T 检验主要用来判断均值是否有差异。T 检验分别列出方差相等假设和方差不相等假设下的检验结果。下同。

从表 7-12 可以看出，除绩效期望和行为意向影响因素外，剩余 4 个因素 T 检验 P 值均大于 0.05。这说明，不同性别的消费者在易用期望、社会影响、促进条件和实际行为上均不存在显著差异，而在绩效期望和行为意向上存在显著差别。

（二）年龄对各变量的单因素方差分析

问卷将年龄分为 0—18 岁、19—25 岁、26—40 岁、41—60 岁、61 岁及以上五个组。由于年龄变量的划分已大于两组，不能再采用独立样本 T 检验，所以研究选取了单因素方差分析方法，研究两个及以上组在同一变量上是否有差异。

从表 7-13 可以看出，易用期望、社会影响、促进条件、行为意向和实际行为 5 个变量的显著性水平均小于 0.05，说明不同年龄的消费者的回收行为在这五方面具有显著差异；而对于绩效期望影响因素来说，年龄对消费者回收行为并无显著差异。

表 7-13　　　　　　年龄单因素方差分析

变量	分类	平方和	自由度	均方	F	P
绩效期望	组间（组合）	3.287	4	0.822	2.020	0.091
	组内	194.072	477	0.407		
	总数	197.359	481			
易用期望	组间（组合）	14.344	4	3.586	4.410	0.002
	组内	387.904	477	0.813		
	总数	402.248	481			
社会影响	组间（组合）	12.693	4	3.173	3.757	0.005
	组内	402.856	477	0.845		
	总数	415.549	481			
促进条件	组间（组合）	11.777	4	2.944	3.973	0.003
	组内	353.435	477	0.741		
	总数	365.212	481			
行为意向	组间（组合）	5.465	4	1.366	3.912	0.004
	组内	166.597	477	0.349		
	总数	172.062	481			
实际行为	组间（组合）	22.714	4	5.678	5.611	0.000
	组内	482.780	477	1.012		
	总数	505.494	481			

注：若 P（显著性水平）<0.05，则拒绝原假设；反之，则接受原假设。

（三）收入对各变量的单因素方差分析

研究将收入分为 0—5000 元、5000—10000 元、10000—20000 元、20000—30000 元及 30000 元以上五个组。由表 7-14 可以看出，6 个测量因子的显著性水平均小于 0.05，说明不同收入水平的消费者在绩效期望、易用期望、社会影响、促进条件、行为意向及实际行为方面均存在显著差异。

表 7-14　　　　　　收入单因素方差分析

变量	分类	平方和	自由度	均方	F	P
绩效期望	组间（组合）	4.545	4	1.136	2.811	0.025
	组内	192.814	477	0.404		
	总数	197.359	481			

续表

变量	分类	平方和	自由度	均方	F	P
易用期望	组间（组合）	27.480	4	6.870	8.744	0.000
	组内	374.768	477	0.786		
	总数	402.248	481			
社会影响	组间（组合）	14.203	4	3.551	4.220	0.002
	组内	401.347	477	0.841		
	总数	415.549	481			
促进条件	组间（组合）	29.038	4	7.260	10.301	0.000
	组内	336.174	477	0.705		
	总数	365.212	481			
行为意向	组间（组合）	5.441	4	1.360	3.894	0.004
	组内	166.622	477	0.349		
	总数	172.062	481			
实际行为	组间（组合）	32.387	4	8.097	8.163	0.000
	组内	473.107	477	0.992		
	总数	505.494	481			

注：若 P（显著性水平）<0.05，则拒绝原假设；反之，则接受原假设。

（四）教育水平对各变量的单因素方差分析

本章将教育水平划分成初中及以下、高中、本科、研究生四个组，由表 7-15 可以看出，绩效期望和行为意向变量的显著性水平小于 0.05，说明不同受教育水平的消费者的回收行为在该方面存在显著差异；对于易用期望、社会影响、促进条件和实际行为 4 个变量而言，教育水平不同的消费者的回收行为并无显著差异。

表 7-15　　教育水平单因素方差分析

变量	分类	平方和	自由度	均方	F	P
绩效期望	组间（组合）	3.714	3	1.238	3.056	0.028
	组内	193.646	478	0.405		
	总数	197.359	481			

续表

变量	分类	平方和	自由度	均方	F	P
易用期望	组间（组合）	4.499	3	1.500	1.802	0.146
	组内	397.749	478	0.832		
	总数	402.248	481			
社会影响	组间（组合）	4.116	3	1.372	1.594	0.190
	组内	411.434	478	0.861		
	总数	415.549	481			
促进条件	组间（组合）	4.706	3	1.569	2.080	0.102
	组内	360.506	478	0.754		
	总数	365.212	481			
行为意向	组间（组合）	3.807	3	1.269	3.605	0.013
	组内	168.256	478	0.352		
	总数	172.062	481			
实际行为	组间（组合）	4.649	3	1.550	1.479	0.219
	组内	500.845	478	1.048		
	总数	505.494	481			

注：若P（显著性水平）<0.05，则接受原假设；反之，则拒绝原假设。

第三节　基于结构方程模型的假设检验

本章对UTAUT模型进行结构方程模型分析，经过调试得到拟合度符合要求的模型，并进行假设检验结果分析。

一　指标象征性得分

问卷采用李克特五级量表，请受访者根据实际情况进行打分，用数字1—5依次分别表示“完全不符合”“不太符合”“不清楚”“符合”“完全符合”。表7-16对每个指标及其对应问题给出了得分，直观反映了消费者对各个因素所持态度，在一定程度上反映了消费者对各因素的评价。

表 7-16　　各指标象征性得分

变量	问题编号	问题得分	变量得分
绩效期望	S1	3.77	4.13
	S2	4.20	
	S3	4.23	
	S4	4.35	
易用期望	S5	3.37	3.38
	S6	3.42	
	S7	3.34	
社会影响	S8	3.25	3.38
	S9	3.55	
	S10	3.35	
促进条件	S11	3.63	3.46
	S12	3.61	
	S13	3.30	
	S14	3.29	
行为意向	S15	4.19	4.25
	S16	4.33	
	S17	4.27	
	S18	4.21	
实际行为	S19	3.63	3.62
	S20	3.60	

由表 7-16 可知，对于易用期望和社会影响两个变量，消费者平均打分最低，为 3.38 分，说明消费者认为参与废弃家电正规回收的容易程度并不高，可以理解为正规回收的渠道选择不够多，便利性不够高；另外，社会影响因素并没有对消费者的参与行为带来很明显的影响。绩效期望变量的平均得分为 4.13 分，得分较高，说明消费者对于参与废弃家电正规回收的经济效益比较在意，同时也希望通过废弃家电正规回收来保护环境，实现资源再利用。促进条件变量的平均得分为 3.46，得分较低，说明参与废弃家电正规回收的便利性还没有达到居民的预期。行为意向变量得分为 4.25，得分最高，说明消费者

非常愿意参与废弃家电正规回收为环保做贡献，但实际行为变量的得分只有3.62分，这说明现阶段废弃家电正规回收体系仍存在不完善的地方，导致一部分消费者虽然有意愿参与废弃家电正规回收却没有参与，产生了意愿与行为的背离。

二　结构方程模型分析

本部分通过结构方程分析方法和Amos软件对研究结果进行分析。结构方程模型如图7-2所示。

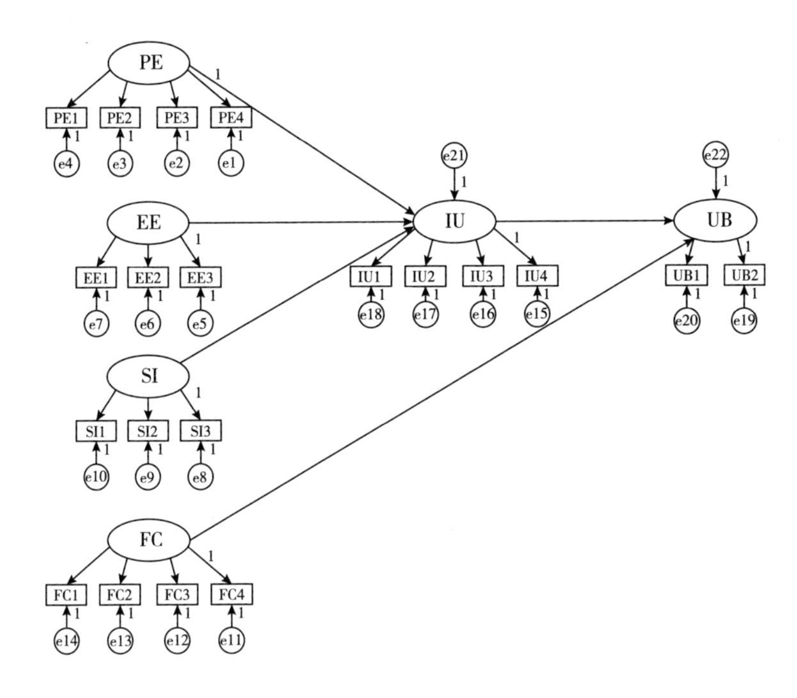

图7-2　消费者参与废弃家电正规回收结构方程模型

其中，潜在变量为PE（绩效期望）、EE（易用期望）、SI（社会影响）、FC（促进条件）、IU（行为意向）、UB（实际行为）。

根据结构方程模型一般检验标准，采用Amos 22.0软件进行结构方程模型分析。

由表7-17可以看出，模型中仅有IFI、CFI、PNFI及PGFI四个指标可以达到标准要求，CMIN/DF值大于5，说明模型模拟程度较差，需要进一步修改。

表 7-17　　　消费者参与废弃家电正规回收结构方程模型初次拟合结果

指标	CMIN/DF	GFI	NFI	IFI	CFI	RMSEA	PNFI	PGFI
测算指标	<5	>0.8	>0.8	>0.8	>0.8	<0.08	>0.5	>0.5
测算结果	8.653	0.774	0.788	0.808	0.807	0.126	0.684	0.608
适配判断	不适配	不适配	不适配	适配	适配	不适配	适配	适配

如表 7-18 所示，根据修正指标 M. I.，对模型进行进一步调整，修正指标在 5 以上则表示变量间依旧存在参数释放空间，需要进一步修正。

表 7-18　　　消费者参与废弃家电正规回收结构方程模型初次修正指标

变量	路径	变量	M. I.	Par Change
SI	<-->	FC	241.271	0.665
EE	<-->	FC	302.069	0.704
EE	<-->	SI	243.805	0.702
PE	<-->	FC	62.559	0.194
PE	<-->	SI	56.897	0.206
PE	<-->	EE	57.591	0.196

由表 7-18 可知，EE 与 FC 间 M. I. 为最大，因此，首先对其进行修正，修正后，各项指标的拟合指数取值范围及模型拟合结果如表 7-19 所示，CMIN/DF 及 RMSEA 两个指标依旧不适配，此时的 M. I. 值如表 7-20 所示。

表 7-19　　消费者参与废弃家电正规回收结构方程模型第二次拟合结果

指标	CMIN/DF	GFI	NFI	IFI	CFI	RMSEA	PNFI	PGFI
测算指标	<5	>0. 8	>0. 8	>0. 8	>0. 8	<0. 08	>0. 5	>0. 5
测算结果	5. 747	0. 851	0. 860	0. 882	0. 881	0. 099	0. 742	0. 665
适配判断	不适配	适配	适配	适配	适配	不适配	适配	适配

表 7-20　　消费者参与废弃家电正规回收结构方程模型第二次修正指标

变量	路径	变量	M. I.	Par Change
SI	<-->	FC	26. 732	0. 129
EE	<-->	SI	27. 268	0. 142
PE	<-->	FC	9. 932	0. 045
PE	<-->	SI	56. 916	0. 206
PE	<-->	EE	4. 011	0. 031

由表 7-20 可知，此时，PE 与 SI 之间 M. I. 值最大，因此，在两者之间加入新的路径，则各项指标的拟合指数取值范围及模型拟合结果如表 7-21 所示，CMIN/DF 及 RMSEA 两个指标依旧不适配，此时的 M. I. 值如表 7-22 所示。

表 7-21　　消费者参与废弃家电正规回收结构方程模型第三次拟合结果

指标	CMIN/DF	GFI	NFI	IFI	CFI	RMSEA	PNFI	PGFI
测算指标	<5	>0. 8	>0. 8	>0. 8	>0. 8	<0. 08	>0. 5	>0. 5
测算结果	5. 396	0. 867	0. 869	0. 891	0. 891	0. 096	0. 746	0. 673
适配判断	不适配	适配	适配	适配	适配	不适配	适配	适配

表 7-22　　消费者参与废弃家电正规回收结构方程模型第三次修正指标

变量	路径	变量	M. I.	Par Change
SI	<-->	FC	18. 757	0. 100
EE	<-->	SI	23. 574	0. 122

在 EE 与 SI、SI 与 FC 之间加入新的路径，则各项指标的拟合指数取值范围及模型拟合结果如表 7-23 所示。

表 7-23　　消费者参与废弃家电正规回收结构方程模型最终拟合结果

指标	CMIN/DF	GFI	NFI	IFI	CFI	RMSEA	PNFI	PGFI
测算指标	<5	>0. 8	>0. 8	>0. 8	>0. 8	<0. 08	>0. 5	>0. 5
测算结果	3. 256	0. 902	0. 922	0. 945	0. 945	0. 068	0. 781	0. 692
适配判断	适配	适配	适配	适配	适配	适配	适配	适配

此时，全部指标均适配。最终模型如图 7-3 所示。

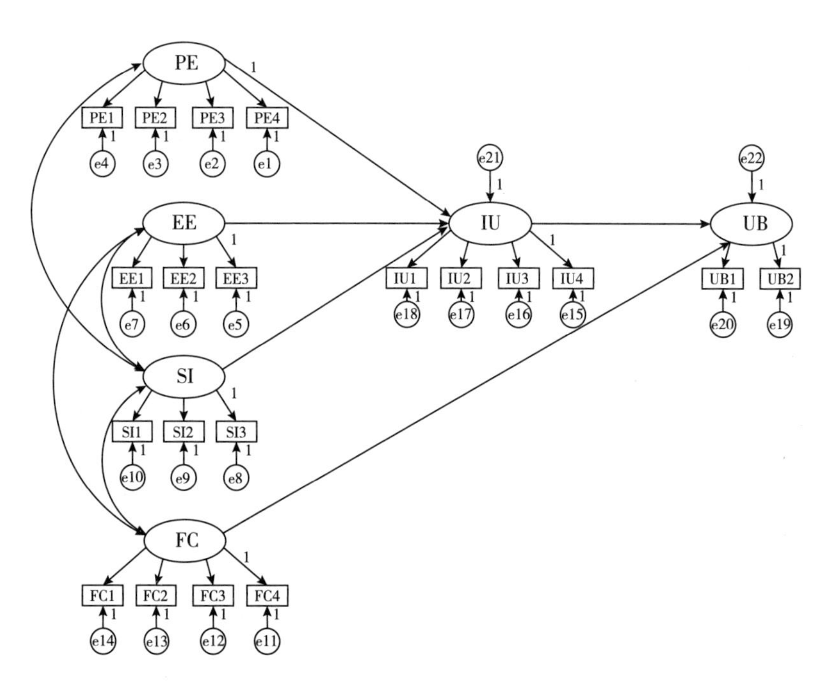

图 7-3　消费者参与废弃家电正规回收结构方程模型（修正后）

三　假设检验结果

Amos 22. 0 模型结果显示，各变量间标准化路径系数、标准误差、显著性及对应检验结果如表 7-24 所示。

表 7-24　　消费者参与废弃家电正规回收结构方程模型路径系数检验

变量	路径	变量	路径系数	标准误差	C. R.	P	验证结果
IU	<---	PE	0.677	0.055	12.336	0.000***	通过
IU	<---	EE	0.059	0.046	1.270	0.204	不通过
IU	<---	SI	0.098	0.051	1.913	0.056	不通过
UB	<---	FC	0.871	0.058	14.969	0.000***	通过
UB	<---	IU	0.214	0.067	3.186	0.001**	通过
SI	<-->	FC	0.611	0.056	10.952	0.000***	通过
EE	<-->	FC	0.704	0.058	12.147	0.000***	通过
PE	<-->	SI	0.043	0.019	2.286	0.022*	通过
EE	<-->	SI	0.664	0.057	11.704	0.000***	通过

注：*** 表示 P<0.001，十分显著，** 表示 P<0.01，较为显著，* 表示 P<0.05，显著。

根据假设检验结果，易用期望和社会影响假设未能通过检验，假设 H7-2（易用期望正向影响消费者参与废弃家电正规回收意向）、H7-3（社会影响正向影响消费者参与废弃家电正规回收意向）不成立。此外，绩效期望与社会影响、易用期望与社会影响、易用期望与促进条件、社会影响与促进条件之间存在两两相互影响关系，促进条件虽未直接对行为意向造成影响，但其通过影响易用期望和社会影响，间接对行为意向产生了一定的影响。

第四节　结果与讨论

本章以 SPSS22.0 软件作为问卷可靠度分析工具，对问卷的内部信度进行有效检验。结果显示，问卷总体 Cronbach's α 数值为 0.937，这表明量表整体内在一致性信度较好，问卷可行性较大。对问卷效度进行检验，结果显示，问卷总体 KMO 值为 0.937，比较有利于进行下一步分析；Bartlett 球形检验 P 值为 0.000，达到显著标准。随后，本章采用 Amos 进行验证性因子分析以及结构方程模型构建，根据问卷调查结果对研究架构中各测量变量与潜在变量之间的因素关系进行分析，各测量变量的 C. R. 值的绝对值都大于 1.96，达到显著水平，表明了其在统计学上具有一定的意义，测试问卷的整体质量较高。

本章使用 SPSS 软件，通过独立样本 T 检验以及单因素分析方法探索性别、年龄、收入、教育水平四个调节变量的影响度。研究结果显示，不同性别的消费者在绩效期望和行为意向上均存在显著差异；不同年龄的消费者在易用期望、社会影响、促进条件、行为意向和实际行为五个方面存在显著差异；不同收入水平的消费者在绩效期望、易用期望、社会影响、促进条件、行为意向及实际行为方面均存在显著差异；不同教育水平的消费者在绩效期望和行为意向上有显著差异，而在易用期望、社会影响、促进条件和实际行为四个方面并无显著差异。

使用 Amos 软件，采用结构方程分析方法对 UTAUT 模型做进一步分析。在模型初步拟合时，仅有 IFI、CFI、PNFI、PGFI 四个指标可以达到标准要求，模型拟合程度较差。经过几次修改，全部指标均达到适配标准。最终模型显示，绩效期望、促进条件、行为意向正向影响实际行为。此外，绩效期望与社会影响、易用期望与社会影响、易用期望与促进条件、社会影响与促进条件之间存在两两相互影响关系，促进条件虽未直接对行为意向造成影响，但其通过影响易用期望和社会影响，间接对行为意向产生了一定的影响。

绩效期望具体指消费者参与废弃家电正规回收为其带来的经济、环境和生活方面的效益。消费者对参与废弃家电正规回收的绩效期望主要集中于参与正规回收可以获得的经济收益以及对生活环境的改善。基于此，政府作为监督者，为了扩大正规回收所占比例，应加大对非正规回收者的监管力度，防止其利用高价回收引诱消费者选择非正规回收方式。此外，政府应重视正规回收处理企业的资金运转问题，完善补贴制度，使正规回收处理企业在回收价格上具有市场竞争力，引导更多消费者通过正规渠道回收废弃家电。

易用期望是指消费者参与废弃家电正规回收所需花费时间精力和容易程度。废弃家电正规回收的操作越容易，消费者参与的积极性越高，越能促进废弃家电正规回收的发展。废弃家电交投的便利性对正规回收有很大影响，而新兴的互联网回收模式可以很好地提高消费者参与废弃家电正规回收的容易程度，因此政府、媒体、互联网回收企业等相关主体应进一步向消费者宣传普及新型的互联网回收渠道。

社会影响具体是指消费者认为外界（媒体）或者其他亲朋好友以及消费者所在社区对其参与废弃家电正规回收意向的影响。结合对该问题的主成分分析结果可知，消费者对于参与废弃家电正规回收所受到的社会影响主要源于周围亲朋好友、媒体以及其所在社区的宣传推广。因此，政府应加强引导，督促媒体以及各社区加大宣传力度，普及正规回收常识，提高消费者的环保意识。

促进条件是指影响消费者参与废弃家电正规回收的客观条件，如消费者可以获得的回收信息、消费者的知识能力以及参与废弃家电正规回收的必要设施和资源。结合问卷中对应问题的设置可知，消费者参与废弃家电正规回收的促进条件主要集中于消费者自身所具有的技能和知识、可获取的回收信息、回收设施的便利性以及可获得的帮助。对此，各回收企业应扩大回收信息的传播范围及途径，特别要利用好互联网的趋势，同时要不断加强回收设施建设，为消费者交投提供方便。此外，家电生产企业或商场等销售商也应努力提供上门回收的服务，促进消费者交投废弃家电。

行为意向是指消费者对参与废弃家电正规回收的倾向。行为意向变量的得分平均值最高，达到了 4.25 分。这说明消费者实际上具有很强的参与废弃家电正规回收的意向，希望为环境保护做贡献，希望资源可以得到合理的再利用。可以预测，在将来，随着正规回收途径不断完善和普及，消费者的参与度会越来越高。

第八章　消费者参与废弃电子产品互联网回收行为的影响因素

互联网回收是近年来较为流行的一种回收趋势，这种回收方式拓宽了消费者参与 WEEE 正规回收的渠道，可以抑制个体废品回收者的非正规回收，有望成为 WEEE 正规回收的主力军，促进 WEEE 循环产业的发展。目前废弃电子产品互联网回收发展迅速。因此，本章进一步探索了消费者选择互联网回收方式进行废弃电子产品回收的意愿及影响因素。

第一节　UTAUT 模型设计

在阅读大量相关文献并咨询有关专家的基础上，本书确定了对消费者参与互联网回收产生影响的核心变量，包括绩效期望、易用期望、社会影响、感知风险、促进条件、行为意向及实际行为。另外，选取性别、年龄、学历、收入作为控制变量，研究其对核心影响因素的调节作用。研究模型如图 8-1 所示。

本章研究模型变量分为 4 个部分：

（1）自变量：绩效期望、易用期望、社会影响、感知风险、促进条件。

（2）中间变量：行为意向。

（3）因变量：实际行为。

（4）调节变量：年龄、性别、收入、教育水平。

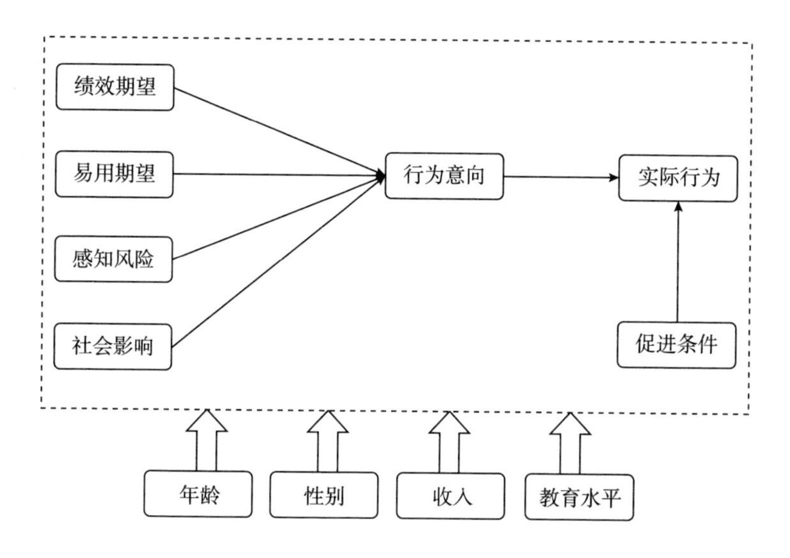

图 8-1　消费者参与互联网回收影响因素模型

一　绩效期望

绩效期望是指互联网回收平台可以为消费者提供满足其需求的服务，并为消费者参与废弃电子产品回收带来便利。互联网回收平台便利程度越高，则消费者对该服务的接受程度就越高。因此，提出以下假设：

H8-1：绩效期望正向影响消费者参与互联网回收意愿。

本研究设计了 4 个相应问题衡量消费者参与互联网回收绩效期望的影响程度，如表 8-1 所示。

表 8-1　消费者参与互联网回收绩效期望测量维度

影响因素	测量变量	问题
绩效期望	PE1	使用互联网回收方式节省了时间，提高了效率
	PE2	互联网回收方式为我提供了及时有价值的回收信息
	PE3	互联网回收方式对我的生活产生了积极的帮助
	PE4	互联网回收方式为我提供了个性化的回收服务

二　易用期望

易用期望是指消费者感知到互联网回收平台容易使用的程度。消费者主观上感觉使用互联网回收平台越容易，越倾向于接受和采纳该服务。因此，提出以下假设：

H8-2：易用期望正向影响消费者参与互联网回收意愿。

本研究设计了3个相应问题衡量互联网回收平台易用期望的影响程度，如表8-2所示。

表8-2　　消费者参与互联网回收易用期望测量维度

影响因素	测量变量	问题
易用期望	EE1	我认为学习使用互联网回收是一件很容易的事
	EE2	我认为利用互联网进行回收是一件简单易操作的事情
	EE3	我清楚地知道如何使用互联网进行回收

三　社会影响

社会影响具体是指消费者认为其他人（如家人和朋友）对自己使用互联网回收方式影响的重要程度。本书认为，消费者受到社会影响的不断增强使其越倾向于参与互联网回收服务。因此，提出以下假设：

H8-3：社会影响正向影响消费者参与互联网回收意愿。

本研究设计了4个相应问题衡量互联网回收平台社会影响因素的影响程度，如表8-3所示。

表8-3　　消费者参与互联网回收社会影响测量维度

影响因素	测量变量	问题
社会影响	SI1	家人、朋友、同事推荐我使用互联网回收，我会尝试
	SI2	大众传媒宣传推广会使我尝试使用互联网回收方式
	SI3	国家政策的支持会使我转向使用互联网回收方式
	SI4	我身边很多人都在使用互联网进行回收

四　感知风险

感知风险主要是指互联网回收平台可能给消费者带来的隐私风险、财务风险及时间风险。本研究认为，互联网回收平台给消费者带来的感知风险程度越高，消费者对该服务的接受程度就越低。因此，提出以下假设：

H8-4：感知风险负向影响消费者参与互联网回收意愿。

本研究设计了3个相应问题衡量互联网回收平台上消费者感知风险的影响，如表8-4所示。

表8-4　　消费者参与互联网回收感知风险测量维度

影响因素	测量变量	问题
感知风险	PR1	我担心互联网回收方式会泄露我的个人隐私、位置信息、消费信息等
	PR2	我担心采用互联网回收方式会遇到不合理收费或欺诈性消费
	PR3	我担心使用互联网回收方式将会浪费我更多的时间

五　促进条件

促进条件是消费者感知使用互联网回收平台所需的各类技术支持的方便程度，例如使用资源的难易、自身熟练程度等。本研究认为，互联网回收平台便利程度越高，则消费者越倾向于接受该服务。因此，提出以下假设：

H8-5：促进条件正向影响消费者参与互联网回收行为。

本研究设计了4个相应问题衡量互联网回收平台便利条件的影响程度，如表8-5所示。

表8-5　　消费者参与互联网回收促进条件测量维度

影响因素	测量变量	问题
促进条件	FC1	我具有使用互联网回收平台时所需要的资源
	FC2	我具有使用互联网回收平台时所需要的知识
	FC3	互联网回收方式与我之前所采取的回收方式是兼容的
	FC4	当我在互联网回收平台遇到困难的时候，能够得到某个人（团队）的帮助和指导

六　行为意向

行为意向指的是消费者在某种前提条件下未来使用互联网回收服务可能性的意向。因此，提出以下假设：

H8-6：行为意向正向影响消费者参与互联网回收行为。

本研究设计了 2 个相应问题衡量互联网回收平台的使用意愿，如表 8-6 所示。

表 8-6　　消费者参与互联网回收行为意向测量维度

影响因素	测量变量	问题
行为意向	IU1	我愿意不断学习新的互联网回收平台的使用
	IU2	我愿意向家人、朋友、同事等身边人推荐使用互联网回收方式

七　实际行为

实际行为是指消费者在将来某个时间点实际使用互联网回收服务的行为。本研究设计了 3 个相应问题衡量互联网回收平台的使用行为，如表 8-7 所示。

表 8-7　　消费者参与互联网回收实际行为测量维度

影响因素	测量变量	问题
实际行为	UB1	我经常使用互联网平台对废弃电子产品进行回收
	UB2	我今后也会继续使用互联网回收平台
	UB3	我曾经向家人、朋友、同事等身边人推荐使用互联网回收方式

第二节　问卷结果分析

课题组初步发放了 50 份预调研问卷用来检测问卷设计的合理程度，并在发放前修改了可能出现误导和歧义的部分。在回收预调研问卷后，课题组成员又将问卷问题进行了细微的修改和调整，使之更加贴合调研目的，问卷如附录 4 所示。经过修改之后，本研究发放问卷 500 份，回收问卷 500 份，有效问卷 497 份，有效率为 99. 4%。

一　问卷描述性表统计分析

参与本次调研的受访者平均年龄为 29. 02 岁，26—40 岁的受访者超过一半。本科及以上教育水平的受访者占 86%，其中，教育水平为本科的占 76%，教育水平为高中及以下的仅占 14%，受访者整体教育水平较高。受访者平均月收入为 7450 元，其中 63%的受访者月收入超 5000 元，月收入在 30000 元以上的受访者占 1%，月收入低于 5000 元的受访者占 36%。从以上数据描述分析可以看出，采用互联网回收方式的大多数为学历较高的青年人及中年人，他们具有较为可观的经济收入。

表 8-8　　　　样本人口及社会经济统计特征

	分组	比例（%）	描述	平均值
年龄	0—18 岁	3	9	29. 02
	19—25 岁	38	22	
	26—40 岁	55	33	
	41—60 岁	4	50	
	61 岁及以上	1	65	
教育水平	初中及以下	2	1	2. 94
	高中	12	2	
	本科	76	3	
	硕士	9	4	
	博士及以上	1	5	
月收入	0—5000 元	36	2500	7450
	5000—10000 元	44	7500	
	10000—20000 元	16	15000	
	20000—30000 元	2	25000	
	30000 元以上	1	35000	

二 信度分析

问卷回收后，利用信度分析来测量所使用的量表是否具有内部一致性。本研究主要采用统计软件 SPSS 中的 Cronbach's α 系数检验量表。

在本研究中，问卷信度统计情况见表 8-9。可以看出，问卷各变量均较为可信，并且问卷总体 Cronbach's α 数值为 0.835，量表整体内在一致性信度良好，问卷真实可信。

表 8-9 问卷信度统计

变量	Cronbach's α
绩效期望	0.791
易用期望	0.703
社会影响	0.611
感知风险	0.767
促进条件	0.663
行为意向	0.716
实际行为	0.703
整体信度	0.835

三 效度分析

由表 8-10 可以看出，问卷总体 KMO 值为 0.914，非常适合进行进一步分析；Bartlett 球形检验 P 值为 0.000，达到显著标准。

表 8-10 问卷整体的 KMO 检验及 Bartlett 球形检验结果

检验	值
KMO 检验	0.914
Bartlett 球形检验（P）	0.000

如表 8-11 所示，问卷中各个变量的 KMO 值均不低于 0.5，Bartlett 球形检验均达到显著，由于各变量的总体解释度均可以达到要求，因此问卷所有问题均达到保留标准。

表 8-11　　各因素的 KMO 检验及 Bartlett 球形检验结果

变量	KMO	Bartlett		
		近似卡方	自由度	显著性
绩效期望	0.646	283.760	3	0.000
易用期望	0.680	250.325	6	0.000
社会影响	0.789	579.825	6	0.000
感知风险	0.686	390.353	3	0.000
促进条件	0.712	294.255	6	0.000
行为意向	0.500	184.745	2	0.000
实际行为	0.674	292.398	3	0.000

四　方差分析

本研究通过 SPSS 软件，利用独立样本 T 检验及单因素分析方法探索对消费者使用互联网回收平台行为有调节作用的 4 个变量（包含性别、年龄、收入及教育水平）对前文提到的绩效期望、易用期望等 7 个因素是否存在不同影响。并根据研究结果，为政府及相关企业适时调整有关制度政策改善互联网回收的行为提供依据。

（一）性别对各变量的独立样本 T 检验

从表 8-12 可以看出，7 个因素的 T 检验 P 值均大于 0.05，说明不同性别的消费者在所有因素上都没有显著差异。

表 8-12　　性别的独立样本 T 检验

因子	方差方程的 Levene 检验		均值方程的 T 检验		
	F	P	t	自由度	P（双侧）
绩效期望	0.021	0.884	0.396	495	0.692
			0.394	470	0.694
易用期望	2.352	0.126	-0.426	495	0.670
			-0.424	469	0.672

续表

因子	方差方程的 Levene 检验		均值方程的 T 检验		
	F	P	t	自由度	P（双侧）
社会影响	2.305	0.130	-1.004	495	0.316
			-0.993	456	0.321
感知风险	6.646	0.010	-0.205	495	0.838
			-0.203	450	0.840
促进条件	0.166	0.684	-1.439	495	0.151
			-1.430	468	0.153
行为意向	0.008	0.929	-0.099	495	0.921
			-0.099	479	0.921
实际行为	4.788	0.029	-1.455	495	0.146
			-1.439	455	0.151

注：Levene 检验主要用来检验方差齐性，而 T 检验主要用来判断均值是否有显著差异。

（二）年龄对各变量的单因素方差分析

选取单因素方差分析方法，研究在两个及以上组在同一变量中是否有差异。年龄对各变量的单因素方差分析输出结果如表 8-13 所示。

表 8-13　　年龄的单因素方差分析

变量	分类	平方和	自由度	均方	F	P
绩效期望	组间（组合）	1.281	4	0.320	1.175	0.321
	组内	134.150	492	0.273		
	总数	135.431	496			
易用期望	组间（组合）	3.183	4	0.796	2.693	0.030
	组内	145.365	492	0.295		
	总数	148.547	496			
社会影响	组间（组合）	1.874	4	0.469	2.036	0.088
	组内	113.222	492	0.230		
	总数	115.096	496			

续表

变量	分类	平方和	自由度	均方	F	P
感知风险	组间（组合）	0. 862	4	0. 215	0. 852	0. 493
	组内	124. 430	492	0. 253		
	总数	125. 291	496			
促进条件	组间（组合）	2. 646	4	0. 662	2. 295	0. 058
	组内	141. 829	492	0. 288		
	总数	144. 475	496			
行为意向	组间（组合）	15. 742	4	3. 936	5. 437	0. 000
	组内	356. 162	492	0. 724		
	总数	371. 904	496			
实际行为	组间（组合）	4. 270	4	1. 068	2. 707	0. 030
	组内	194. 036	492	0. 394		
	总数	198. 307	496			

注：若 P<0. 05，则拒绝原假设；反之，则接受原假设。

从表 8-13 可以看出，易用期望、行为意向及实际行为 3 个因子的显著性水平均小于 0. 05，说明不同年龄的互联网回收平台使用者在这三方面有显著差异；而对于社会影响、绩效期望、感知风险及促进条件 4 个因素来说，年龄对互联网回收平台使用者来说并无显著差异。

（三）收入对各变量的单因素方差分析

经过分析，收入的单因素方差分析输出结果如表 8-14 所示。

表 8-14　　收入的单因素方差分析

变量	分类	平方和	自由度	均方	F	P
绩效期望	组间（组合）	0. 368	4	0. 092	0. 335	0. 854
	组内	135. 063	492	0. 275		
	总数	135. 431	496			

续表

变量	分类	平方和	自由度	均方	F	P
易用期望	组间（组合）	1. 493	4	0. 373	1. 249	0. 289
	组内	147. 054	492	0. 299		
	总数	148. 547	496			
社会影响	组间（组合）	1. 609	4	0. 402	1. 744	0. 139
	组内	113. 488	492	0. 231		
	总数	115. 096	496			
感知风险	组间（组合）	7. 835	4	1. 959	2. 647	0. 033
	组内	364. 069	492	0. 740		
	总数	371. 904	496			
促进条件	组间（组合）	0. 886	4	0. 221	0. 876	0. 478
	组内	124. 405	492	0. 253		
	总数	125. 291	496			
行为意向	组间（组合）	1. 934	4	0. 483	1. 669	0. 156
	组内	142. 541	492	0. 290		
	总数	144. 475	496			
实际行为	组间（组合）	3. 056	4	0. 764	1. 925	0. 105
	组内	195. 251	492	0. 397		
	总数	198. 307	496			

注：若 P<0. 05，则拒绝原假设；反之，则接受原假设。

从表 8-14 可以看出，仅有感知风险因子的显著性水平小于 0. 05，说明不同收入水平的互联网回收平台使用者在感知风险方面有显著差异；而对于社会影响、绩效期望、易用期望、促进条件、行为意向及实际行为 6 个因素来说，收入对互联网回收平台使用者来说并无显著差异。

（四）教育水平对各变量的单因素方差分析

教育水平的单因素方差分析输出结果如表 8-15 所示。

表 8-15　　教育水平的单因素方差分析

变量	分类	平方和	自由度	均方	F	P
绩效期望	组间（组合）	0.331	4	0.083	0.302	0.877
	组内	135.100	492	0.275		
	总数	135.431	496			
易用期望	组间（组合）	0.143	4	0.036	0.119	0.976
	组内	148.404	492	0.302		
	总数	148.547	496			
社会影响	组间（组合）	0.373	4	0.093	0.400	0.809
	组内	114.723	492	0.233		
	总数	115.096	496			
感知风险	组间（组合）	8.756	4	2.189	2.966	0.019
	组内	363.148	492	0.738		
	总数	371.904	496			
促进条件	组间（组合）	0.866	4	0.217	0.856	0.490
	组内	124.425	492	0.253		
	总数	125.291	496			
行为意向	组间（组合）	0.201	4	0.050	0.171	0.953
	组内	144.274	492	0.293		
	总数	144.475	496			
实际行为	组间（组合）	0.462	4	0.115	0.287	0.886
	组内	197.845	492	0.402		
	总数	198.307	496			

注：若 P<0.05，则拒绝原假设；反之，则接受原假设。

从表 8-15 可以看出，仅有感知风险因子的显著性水平小于 0.05，说明不同受教育水平的互联网回收平台使用者在该方面有显著差异；而对于社会影响、绩效期望、易用期望、促进条件、行为意向及实际行为 6 个因素来说，学历对互联网回收平台使用者来说并无显著差异。

第三节 基于结构方程模型的假设检验

一 指标象征性得分

研究问卷采用李克特五级量表，请回答者根据自己所在企业的实际情况进行打分，用数字1—5依次分别表示“完全不符合”“不太符合”“不清楚”“符合”“完全符合”。表8-16对每个变量及其对应问题给出了得分，直观反映了用户对各个因素所持态度，在一定程度上反映了用户对各因素的评价。

表8-16　　指标象征性得分

变量	问题编号	问题得分	变量得分
绩效期望	S1	1.78	1.75
	S2	1.71	
	S3	1.68	
	S4	1.80	
易用期望	S5	1.97	1.92
	S6	1.93	
	S7	1.87	
社会影响	S8	1.77	1.94
	S9	1.81	
	S10	1.57	
	S11	2.60	
感知风险	S12	2.64	2.94
	S13	2.69	
	S14	3.50	
促进条件	S15	2.07	2.08
	S16	2.01	
	S17	2.01	
	S18	2.22	

续表

变量	问题编号	问题得分	变量得分
行为意向	S19	1.65	1.65
	S20	1.66	
实际行为	S21	2.25	1.92
	S22	1.62	
	S23	1.90	

可以看出，绩效期望得分为1.75，较易用期望及社会影响得分低，说明大部分消费者认为使用互联网回收平台可以改善回收效率；易用期望得分为1.92，数值偏小，大部分消费者认为学习及使用互联网回收方式是一种较容易的实践；社会影响得分为1.94，说明家人、朋友或媒体宣传对推广互联网回收方式有重要影响；感知风险得分为2.94分，是7个维度中得分最高的一项，说明消费者对互联网回收的风险度关注较高；促进条件得分为2.08分，说明互联网回收便利性依旧有待改善；行为意向得分为1.65分，为7个变量中得分最低的一项，说明消费者行为意向较高；实际行为得分为1.92分，说明消费者实际行为较为乐观。

二　结构方程模型分析

本研究对UTAUT模型进一步采用结构方程模型分析，并使用Amos软件对研究结果进行分析。结构方程模型（SEM）如图8-2所示。

其中，潜在变量为EE（易用期望）、PE（绩效期望）、PR（感知风险）、SI（社会影响）、FC（促进条件）、IU（行为意向）、UB（实际行为）。

根据结构方程模型一般检验标准进行结构方程模型分析。

由表8-17可知，在本研究模型中，仅有GFI、PNFI及PGFI 3个指标可以达到标准要求，CMIN/DF值大于5，说明模型模拟程度较差，需要进一步修改。

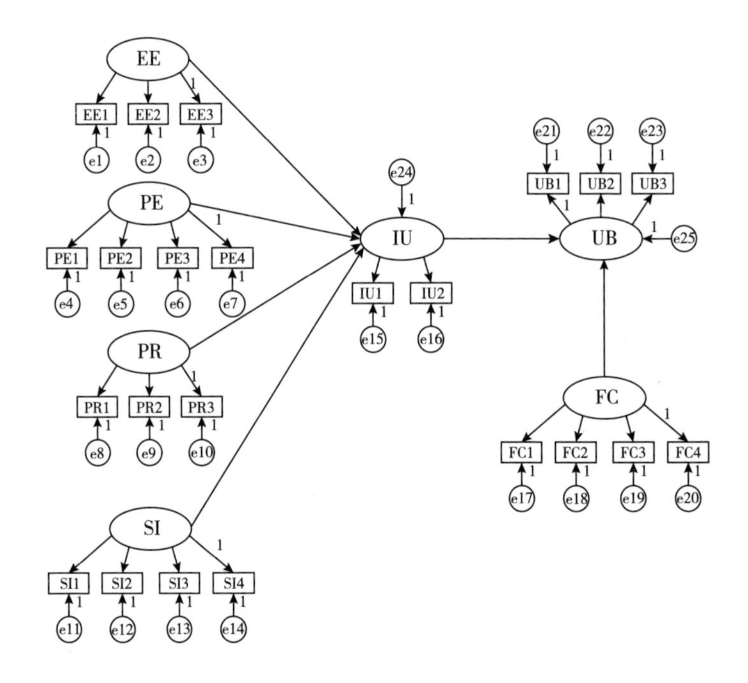

图 8-2　消费者参与互联网回收结构方程模型

表 8-17　　消费者参与互联网回收结构方程模型初次拟合结果

指标	CMIN/DF	GFI	NFI	IFI	CFI	RMSEA	PNFI	PGFI
测算指标	<5	>0. 8	>0. 8	>0. 8	>0. 8	<0. 08	>0. 5	>0. 5
测算结果	5. 437	0. 806	0. 706	0. 746	0. 744	0. 095	0. 625	0. 654
适配判断	不适配	适配	不适配	不适配	不适配	不适配	适配	适配

如表 8-18 所示，根据修正指标 M. I. ，对模型进行进一步调整，修正指标在 5 以上，则表示变量间依旧存在参数释放空间，需要进一步修正。

表 8-18　　消费者参与互联网回收结构方程模型初次修正指标

	M. I.	Par Change
PE<--->FC	84. 730	0. 083
PR<--->FC	5. 642	-0. 035

续表

	M. I.	Par Change
PR<--->PE	14. 397	-0. 060
SI<--->FC	78. 352	0. 079
SI<--->PE	174. 373	0. 128
SI<--->PR	10. 596	-0. 051
EE<--->FC	109. 075	0. 076
EE<--->PE	148. 948	0. 096
EE<--->PR	19. 278	-0. 056
EE<--->SI	129. 268	0. 089

由表 8-18 可知，SI 与 PE 之间 M. I. 值最大，因此，首先对其进行修正，修正后各项指标的拟合指数取值范围及模型拟合结果如表 8-19 所示，RMSEA 及 NFI 两个指标依旧不适配，此时的 M. I. 值如表 8-20 所示。

表 8-19　消费者参与互联网回收结构方程模型第二次拟合结果

指标	CMIN/DF	GFI	NFI	IFI	CFI	RMSEA	PNFI	PGFI
测算指标	<5	>0. 8	>0. 8	>0. 8	>0. 8	<0. 08	>0. 5	>0. 5
测算结果	4. 397	0. 850	0. 763	0. 807	0. 805	0. 083	0. 673	0. 687
适配判断	适配	适配	不适配	适配	适配	不适配	适配	适配

表 8-20　消费者参与互联网回收结构方程模型第二次修正指标

	M. I.	Par Change
PE<--->FC	20. 830	0. 033
PR<--->FC	5. 648	-0. 035
PR<--->PE	5. 815	-0. 031
SI<--->FC	18. 209	0. 034

续表

	M. I.	Par Change
EE<--->FC	109. 064	0. 076
EE<--->PE	41. 069	0. 041
EE<--->PR	19. 290	-0. 056
EE<--->SI	27. 013	0. 037

由表 8-20 可知，EE 与 FC 之间 M. I. 值最大，在两者之间加入新的路径后，各项指标的拟合指数取值范围及模型拟合结果如表 8-21 所示。

表 8-21　消费者参与互联网回收结构方程模型第三次拟合结果

指标	CMIN/DF	GFI	NFI	IFI	CFI	RMSEA	PNFI	PGFI
测算指标	<5	>0. 8	>0. 8	>0. 8	>0. 8	<0. 08	>0. 5	>0. 5
测算结果	3. 835	0. 877	0. 794	0. 839	0. 838	0. 076	0. 697	0. 705
适配判断	适配	适配	不适配	适配	适配	适配	适配	适配

如表 8-21 所示，仅有 NFI 一个指标不适配。此时的 M. I. 值如表 8-22 所示。

表 8-22　消费者参与互联网回收结构方程模型第三次修正指标

	M. I.	Par Change
PR<--->PE	5. 815	-0. 031
EE<--->PE	41. 069	0. 041
EE<--->PR	19. 290	-0. 056
EE<--->SI	27. 013	0. 037

在 EE 及 PE 之间加入新的路径后，最终拟合结果如表 8-23 所示。

表 8-23　　消费者参与互联网回收结构方程模型最终拟合结果

指标	CMIN/DF	GFI	NFI	IFI	CFI	RMSEA	PNFI	PGFI
测算指标	<5	>0. 8	>0. 8	>0. 8	>0. 8	<0. 08	>0. 5	>0. 5
测算结果	3. 707	0. 877	0. 802	0. 847	0. 846	0. 074	0. 701	0. 703
适配判断	适配	适配	适配	适配	适配	适配	适配	适配

此时，全部指标均适配。最终模型如图 8-3 所示。

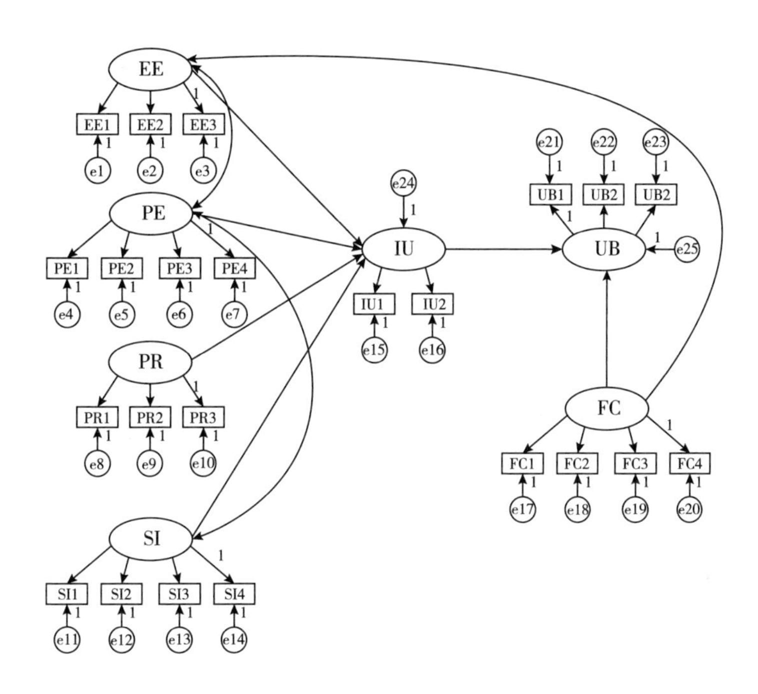

图 8-3　消费者参与互联网回收结构方程模型（修正后）

三　假设检验结果

模型结果显示，各变量间标准化路径系数、标准误差、显著性及对应检验结果如表 8-24 所示。

表 8-24 消费者参与互联网回收结构方程模型路径系数分析结果

路径	系数	标准误差	C. R.	P	验证结果
IU<---EE	0. 68	0. 074	4. 648	***	通过
IU<---PE	0. 32	0. 112	2. 187	0. 029*	通过
IU<---PR	-0. 59	0. 024	-2. 644	0. 008**	通过
IU<---SI	0. 66	0. 115	3. 453	***	通过
UB<---IU	0. 87	0. 138	9. 270	***	通过
UB<---FC	0. 09	0. 072	1. 342	0. 180	不通过
SI<-->PE	0. 75	0. 019	6. 842	***	通过
EE<-->FC	0. 88	0. 012	6. 482	***	通过
EE<-->PE	0. 62	0. 008	5. 391	***	通过

注：*** 表示 P<0. 001，十分显著，** 表示 P<0. 01，较为显著，* 表示 P<0. 05，显著。

根据假设检验结果，仅有促进条件假设未能通过检验，假设 H8-5（促进条件正向影响消费者参与互联网回收方式行为）不成立。此外，易用期望与绩效期望、绩效期望与社会影响、易用期望与促进条件之间存在两两相互影响关系，促进条件虽未直接对实际行为造成影响，但其通过影响易用期望间接对行为意向产生了一定的影响。

第四节 结果与讨论

本章将 SPSS22. 0 软件作为问卷可靠度分析的工具，检验了问卷的内部信度。结果表明，问卷总体 Cronbach's α 值为 0. 835，量表整体内在一致性信度良好，问卷可行度较强。对问卷效度进行检验，结果显示，问卷总体 KMO 值为 0. 914，有利于进一步分析；Bartlett 球形检验 P 值为 0. 000，达到显著标准。

利用独立样本 T 检验及单因素方差分析的方法探索性别、年龄、收入、教育水平 4 个调节变量的影响度。研究结果显示，不同性别的消费者在各个因素上均不存在显著差异；不同年龄的互联网回收平台使用者在易用期望、行为意向及实际行为这三方面有显著差异；而对于绩效期望、社会影响、感知风险及促进条件4个因素来说，年龄对互联网回收平台使用者来说并无显著差异；不同收入水平的互联网回收平台使用者在感知风险方面有显著差异；绩效期望、社会影响、易用期望、促进条件、行为意向及实际行为6个因素对不同收入群体使用互联网回收平台来说并无显著差异；绩效期望、易用期望、社会影响、促进条件、行为意向及实际行为6个因素对不同学历群体使用互联网回收平台并无显著差异。

通过指标象征性得分可以看出，大部分消费者认为，学习及使用互联网回收方式是一种较为容易的实践，家人、朋友或媒体宣传对推广互联网回收方式有重要影响，使用互联网回收平台可以改善回收效率，消费者对互联网回收的风险度关注较高，互联网回收便利性依旧有待改善，消费者行为意向较高，实际行为较为乐观。

利用Amos软件，采取了结构方程模型（SEM）的分析方法。在研究初始模型中，仅有GFI、PNFI及PGFI 3个指标可以达到标准要求，说明模型模拟程度较差，需要进一步修改。通过对模型进行修改后，全部指标均达到适配标准。最终模型显示，易用期望、绩效期望、社会影响及感知风险4个因素均对行为意向具有影响。此外，易用期望与绩效期望、绩效期望与社会影响、易用期望与促进条件之间存在两两相互影响关系，促进条件虽未直接对实际行为造成影响，但其通过影响易用期望间接对行为意向产生了一定的影响，行为意向对实际行为具有影响。

（1）绩效期望。消费者对于参与互联网回收的绩效期望，主要集中于对回收信息及生活帮助的期待。因此，互联网回收企业须做好消费端客户调查，探索客户对企业的真正需求，不断完善公司业务。同时，政府作为监督者，应积极履行监督指导义务，防止不法企业利用新兴回收方式非法牟利，损害消费者权益。

（2）易用期望。根据分析可知，互联网回收平台学习及操作越容易，消费者参与积极性越高，使用互联网平台进行回收的意愿越大，更有可能使用互联网完成回收行为。因此，互联网企业应加强平台使用方法宣传，简化操作界面，降低操作难度，设计出适合各年龄、教育水平等不同背景人群使用的平台。

（3）社会影响。消费者对于参与互联网回收受到的社会影响，主要源于家人、朋友、同事等身边人及大众传媒的宣传推广效应。因此，政府应加强引导，互联网企业应加大宣传力度，同时做好回收业务，营造良好口碑，这是现阶段推动互联网回收平台快速发展的关键方法。

（4）感知风险。结合分析可知，消费者对于参与互联网回收的风险主要关注财务安全性及隐私安全性。互联网回收模式诞生于互联网技术高速发展的时代，在享受互联网带来的高度信息化、资源丰富化等福利的同时，必然会产生财务及隐私安全的担忧。对此，第一，政府要制定相应法律法规，使互联网回收领域有法可依，同时，积极打击互联网犯罪行为，为互联网回收企业的发展营造良好的社会环境；第二，互联网企业也要不断加强自身建设，更新安全防护技术，为消费者营造良好的服务氛围；第三，消费者应加强自身防范意识，积极举报泄露隐私、非法牟利回收企业。

（5）促进条件。结合分析可知，消费者对于参与互联网回收的便利性要求主要是关注互联网回收的易懂易学性。在本研究中，促进条件对易用期望有影响，即互联网回收方式越便利，消费者对易用期望的满意度越高。因此，互联网回收企业应努力完善自身平台建设，提供易懂、易学、易操作的互联网回收服务。

（6）行为意向。消费者对互联网回收方式的行为意向较高，同时，行为意向对实际行为有直接的影响，由此可以判断，互联网回收方式具有较为良好的群众基础，具有推广潜能，是发展前景良好的新兴回收模式。

第九章　废弃电器电子产品循环产业发展影响因素分析

第一节　DEMATEL 方法

决策试验与评价实验室（Decision Making Trial and Evaluation Laboratory，DEMATEL）是一种运用图论与矩阵工具进行系统要素分析的方法。该方法最早是在 1971 年日内瓦的一次会议上，由美国巴特尔（Battelle）实验室的学者加比斯（Gabus）和方特拉（Fontela）提出，是一种有助于理顺现实世界中复杂、困难问题各因素之间逻辑关系的一种方法。DEMATEL 方法近年来备受学界认可，许多学者认为 DEMATEL 方法是识别和分析因果关系的强有力工具（Lin and Wu，2008）。该方法通过分析系统中各要素之间的逻辑关系，构建直接影响矩阵，通过计算矩阵确定各要素对其他要素的影响度与被影响度，进而计算出中心度与原因度以及因素类型（是原因因素还是结果因素），进一步揭示系统的结构关系，将错综复杂的关系简单化。整个系统的结构也可以根据平均度和原因度的值进行调整，从而使系统结构更加合理。该方法利用专家的经验和知识解决复杂的社会问题，特别是对于具有不确定元素关系的系统更为有效，目前已经成功应用于企业的创新能力评价、绿色产品评价、绿色模式评价等多个领域中（李洪伟，2004；马飞等，2011）。

伴随算法实际应用的热潮，一些学者对传统的 DEMATEL 理论进行了深入的思考和改进，主要从方法交叉融合、群体决策、系统层次结构等方面入手（Bai and Sarkis，2013；Su et al.，2016），为进一步创新和发展该算法奠定了重要理论基础。迪察克（Dytczak）和金达（Ginda）对模糊DEMATEL算法引入专家模糊判断信息的必要性和有效性予以质疑，并通过实验分析指出，如何科学使用模糊DEMATEL算法仍存在较大的学术争议（Dytczak and Ginda，2013）。由此可见，无论是传统的DEMATEL方法还是改进后的模糊DEMATEL方法，均存在进一步完善的空间。总体而言，传统DEMATEL方法目前主要存在以下两点不足：其一，现有研究缺乏考虑交互情境下的DEMATEL问题，实际上，在独立判断情境下，各专家受到其前期经验、知识宽度、专业背景、能力智慧等所限，所给出的直接影响矩阵中的部分信息可能缺乏一定的可靠性，这会降低最终决策结果的可行度。此外，尽管有文献指出，群组专家需共同对DEMATEL因素之间的直接影响关系进行判断，但在此情境下，群组专家之间能否达成共识尚不清晰，且具体的共同判断机理等相关重要问题尚未解决。其二，大多数文献直接假设专家可以给出所有的DEMATEL判断信息，而较少关注在实际情况下可能出现的专家不完整的判断信息。迄今为止，尚缺乏科学严谨的DEMATEL信息不完备推理机制（孙永河等，2020）。本章针对这一模型的缺陷，采取了相应的解决方式，对于第一点，考虑到尚无专家共同判断机理以及交互情景下专家间的判断可能会相互影响，采用直接影响矩阵以专家打分的均值作为结果，减少对某个个体知识经验的完全依赖，增强判断的可信度；对于第二点，本章参与调查访问的都是废弃电器电子产品回收利用领域业内专家，具备对本章研究问题给出所有判断信息的能力。

使用DEMATEL方法需要满足以下三个条件：一是根据研究方向和相关文献，明确问题的属性，为准确识别和确定问题及其影响因素提供科学的理论依据；二是确定各个因素之间的相关程度，用0—4个数字表示相关程度的强弱；三是深入了解每个问题的内在特点，结合实际情况补充相关分析结果。DEMATEL的方法流程（Cao et al.，2021）如图9-1所示。

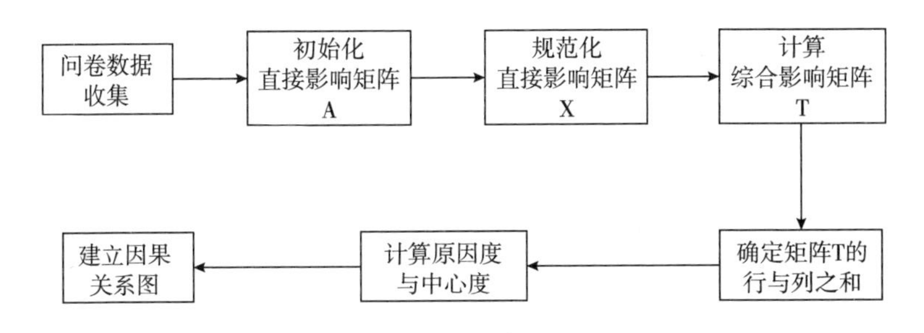

图 9-1　DEMATEL 方法流程

第二节　废弃电器电子产品循环产业发展影响因素体系

多方面耦合关联的各个因素影响废弃电器电子产品（WEEE）循环产业发展进程，导致如今形成了错综复杂的回收处理系统，无法准确判断哪些关键因素应该考虑，哪些关键因素对产业发展影响大，哪些非关键因素可以忽略不计，从而难以制定相应的策略来促进废弃电器电子产品循环产业的发展推广。为了解决上述问题，找出关键影响因素并向政府提供科学决策依据，本章运用 DEMATEL 模型，分析各因素对废弃电器电子产品循环产业发展的影响程度以及重要程度。

由第六章可知，多个利益相关主体以直接或间接的方式作用于废弃电器电子产品回收处理过程。在第六章的基础上，本章进一步具体考虑影响废弃电器电子产品循环产业发展的内部和外部影响因素。本章参考了相近领域如废弃电器回收渠道、废旧汽车循环产业发展（甘俊伟等，2016；刘永清等，2015）等方面的影响因素分析的步骤和方法，以及其他领域对影响因素、驱动因素分析的研究方法，并结合废弃电器电子产品循环产业发展的特点，建立了本章影响因素识别方法。研究的步骤及方法如图 9-2 所示。首先，基于理论基础，从相关文献研究中收集所有可能影响废弃电器电子产品循环产业发展的因素。其次，通过实地调研和专家访谈，分析影响因素的相似性和合理性，删除不必要的因素或添加缺失的因素，得到修正后的影响因素（见表 9-1）。最后，在构建影响因素体系的基础上，设计问卷（见附录 5），将问卷分发给废弃电器电子产品回收研究领域的专家学者，然后对收集到的问卷数据进行汇总，并分析揭示影响因素之间的关系，识别并分析其最重要的影响因素，提取高影响因素，形成关键影响因素体系。

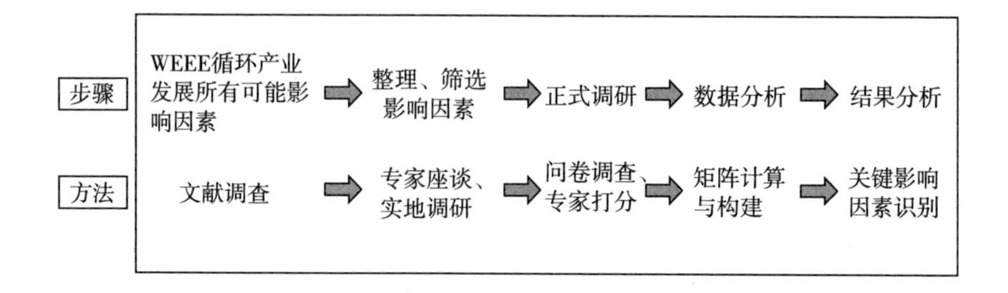

图 9-2　WEEE 循环产业发展影响因素识别步骤和方法

本书分别从生产者、消费者、回收处理者、监管者（政府）四个主体维度总结出 15 个影响 WEEE 循环产业发展的因素，如表 9-1 所示。

表 9-1　　WEEE 循环产业发展影响因素体系

维度	影响因素	编号
生产者	产品环境影响信息披露	X1
	建立回收处理系统	X2
	设计易于拆卸的产品结构	X3
	利用再生资源将其作为部分生产原料	X4
消费者	回收的便利程度	X5
	环保意识	X6
	回收的安全程度	X7
	回收价格	X8

续表

维度	影响因素	编号
回收处理企业	回收规模	X9
	回收处理成本	X10
	拆解和再利用技术	X11
	经济收益	X12
监管者（政府）	对 WEEE 回收处理的政策倾向（激励）	X13
	对 WEEE 回收处理的法律法规（约束）	X14
	对 WEEE 回收处理的公益宣传	X15

第三节 数据采集与处理

本章所需数据通过问卷调查的方式获取。本次问卷以上述 WEEE 循环产业发展影响因素体系为结构框架，选取 15 项影响因素，采用五级打分制评估两两因素间的影响程度：0 表示两因素间无任何影响，1 表示两因素间存在低度影响，2 表示两因素间存在中度影响，3 表示两因素间存在高度影响，4 表示两因素间存在极高影响，如表 9-2 所示。调查问卷以面对面咨询和网络咨询两种方式发放，共发放问卷 5 份，实际回收 5 份。为保证问卷结果的科学性和有效性，本次参与问卷的主体均是从事循环经济研究的专家学者。

本章采用 DEMATEL 方法，通过分析系统各要素之间的矢量关系，计算各要素对其他要素的影响程度和被影响程度，从而准确评估各要素之间的关系强度。其最大的优点在于，该方法对于样本的数量没有明确的限制，从而保证了小样本情况下结果的准确性。DEMATEL 方法的具体步骤（甘俊伟等，2017；李永波和尹斌，2019；张世勋等，2012）如下：

（1）分析设计指标体系，提取影响因素，并将各因素命名为 X1，X2，…，Xn。

（2）各因素间影响关系分析。两个因素间影响关系的强弱程度用数字表示，如表 9-2 所示。

表 9-2　　各因素间影响程度赋值

影响程度	分值
无任何影响	0
低度影响	1
中度影响	2
高度影响	3
极高影响	4

（3）初始化直接影响矩阵。在这一步骤中，根据调查问卷整理数据将 5 位专家的评分取均值，得出各影响因素间的影响程度，并初始化直接影响矩阵。假设 n 阶方阵 $\boldsymbol{A}=[a_{ij}]_{n\times n}$（$i$，$j=1$，2，3，…，$n$）。具体表示为：

$$\boldsymbol{A}=\begin{bmatrix} a_{11} & \cdots & a_{1j} & \cdots & a_{1n} \\ \vdots & & \vdots & & \vdots \\ a_{i1} & \cdots & a_{ij} & \cdots & a_{in} \\ \vdots & & \vdots & & \vdots \\ a_{n1} & \cdots & a_{nj} & \cdots & a_{nn} \end{bmatrix} \tag{9-1}$$

式中，a_{ij} 表示因素 X_i 对 X_j 的影响程度。

（4）规范化直接影响矩阵。设规范化矩阵为 $\boldsymbol{X}=[x_{ij}]$，（i，$j=$ 1，2，3，…，n）$\boldsymbol{X}=z^{-1}\times\boldsymbol{A}$，其中：

$$z=\max\left(\sum_{j=1}^{n}a_{ij}\right) \tag{9-2}$$

（5）计算综合影响矩阵。令综合影响矩阵为：

$$\boldsymbol{T}=(\boldsymbol{X}+\boldsymbol{X}^2+\boldsymbol{X}^3+\cdots+\boldsymbol{X}^K)=\sum_{k=1}^{\infty}\boldsymbol{X}^k \tag{9-3}$$

规范化直接影响矩阵自乘，表示要素之间增加的间接影响。由于规范化直接影响矩阵一直自乘后，矩阵所有值会趋近于 0，也就是一个零阵，即$\lim\limits_{k \to \infty} \boldsymbol{X}^k = \boldsymbol{0}$，当把所有的间接影响都加起来的时候可以用式（9-4）表示：

$$\boldsymbol{T} = \boldsymbol{X}(\boldsymbol{I} - \boldsymbol{X})^{-1} \tag{9-4}$$

其中，$\boldsymbol{I}$为单位矩阵，近似地计算得出综合影响矩阵（Lin and Wu，2004）。

（6）计算影响度和被影响度。影响度为综合影响矩阵$\boldsymbol{T}$各行元素的和，被影响度为综合影响矩阵$\boldsymbol{T}$各列元素的和。令影响度为D，被影响度为C。

$$D = (D_1, D_2, \boldsymbol{D_3}, \cdots, D_n)，其中 D_{i} = \sum_{j=1}^{n} t_{ij} \ (i=1, 2, 3, \cdots, n) \tag{9-5}$$

$$C = (C_1, C_2, C_3, \cdots, C_n)，其中 C_i = \sum_{j=1}^{n} t_{ji} \ (i=1, 2, 3, \cdots, n) \tag{9-6}$$

式（9-5）和式（9-6）中影响度D_i意味着该因素对其他因素的综合影响程度，被影响度C_i意味着该因素受到其他因素的综合影响程度。

（7）计算中心度和原因度。中心度M_i为影响度和被影响度的和，即$M_i = D_i + C_i$，原因度R_i为影响度与被影响度的差，即$R_i = D_i - C_i$。中心度是指因素在研究问题中的作用，原因度是指因素与其他因素之间的因果关系，按照数值的正负又可以细分为原因项和结果项。若数值为正，意味着该因素对其他因素的影响程度大，称为原因因素；若数值为负，则意味着该因素受其他因素的影响程度大，称为结果因素。

（8）绘制因果关系图。以中心度为横坐标、原因度为纵坐标制作笛卡尔坐标系，根据各个因素中心度和原因度的数值在坐标系上标出具体位置，分析各因素之间的因果关系及其在系统中的重要程度，并针对分析结果提出建议。

第四节　计算结果与分析

一　影响因素计算

对调查问卷中的数据进行整理后得到直接影响矩阵 ***A***（见表 9-3）；对 ***A*** 进行规范化处理得到规范化矩阵 ***X***（见表 9-4），然后运用式（9-4）计算得到综合影响矩阵 ***T***（见表 9-5）。

表 9-3　　直接影响矩阵 *A*

因素	X1	X2	X3	X4	X5	X6	X7	X8	X9	X10	X11	X12	X13	X14	X15
X1	0	2.0	1.2	1.6	1.2	2.0	1.4	1.6	0.8	1.2	2.2	1.2	1.6	2.2	1.6
X2	2.2	0	1.8	1.8	3.2	2.2	2.4	2.4	2.6	3.2	2.4	3.0	2.6	2.4	1.8
X3	1.4	2.2	0	1.2	1.8	1.0	1.4	1.6	2.0	2.8	2.4	2.8	1.6	2.0	1.6
X4	2.8	2.4	2.2	0	1.6	1.6	1.2	1.8	2.0	1.8	2.2	2.2	1.6	1.4	1.4
X5	0.6	2.4	2.2	1.4	0	1.8	1.4	1.6	1.8	1.8	1.4	2.2	1.6	1.6	1.2
X6	2.6	2.6	2.2	2.2	2.4	0	1.8	2	1.8	1.8	1.4	1.4	2.2	2.6	2.8
X7	1.4	2.2	1.6	1	1.6	1.2	0	2.2	2.2	2.4	2.4	1.8	2.0	2.8	1.4
X8	0.8	2.8	2.0	2.0	1.4	1.4	2.2	0	3.0	3.6	2.4	3.4	2.0	2.2	1.6
X9	0.8	2.4	2.6	2.2	1.8	2	1.8	3.0	0	3.0	2.2	3.0	2.0	2.4	1.6
X10	0.6	3.2	2.4	2.4	1.4	1	1.6	3.0	3.0	0	2.8	4.0	2.4	2.0	1.4
X11	1.4	3.0	2.6	2.6	1.4	1.2	1.4	2.2	3.4	3.4	0	3.4	2.6	2.2	1.4
X12	1	3.0	2.4	2.2	2.4	1.4	1.4	3.0	4.0	3.2	3.2	0	2.6	2.6	1.2
X13	3.0	2.8	2.6	2.6	2.6	2.6	2.6	2.4	2.2	2.6	2.2	3.0	0	1.6	2.0
X14	4.0	3.0	2.2	2.4	1.8	2.2	2.8	1.8	2.4	1.8	2.0	2.4	1.6	0	1.4
X15	2.4	2.2	1.6	1.6	2.0	3.8	2.2	1.2	2.0	0.8	1.0	1.4	1.4	1.6	0

表 9-4　规范化直接影响矩阵 *X*

因素	X1	X2	X3	X4	X5	X6	X7	X8	X9	X10	X11	X12	X13	X14	X15
X1	0. 000	0. 057	0. 034	0. 046	0. 034	0. 057	0. 040	0. 046	0. 023	0. 034	0. 063	0. 034	0. 046	0. 063	0. 046
X2	0. 063	0. 000	0. 052	0. 052	0. 092	0. 063	0. 069	0. 069	0. 075	0. 092	0. 069	0. 086	0. 075	0. 069	0. 052
X3	0. 040	0. 063	0. 000	0. 034	0. 052	0. 029	0. 040	0. 046	0. 057	0. 080	0. 069	0. 080	0. 046	0. 057	0. 046
X4	0. 080	0. 069	0. 063	0. 000	0. 046	0. 046	0. 034	0. 052	0. 057	0. 052	0. 063	0. 063	0. 046	0. 040	0. 040
X5	0. 017	0. 069	0. 063	0. 040	0. 000	0. 052	0. 040	0. 046	0. 052	0. 052	0. 040	0. 063	0. 046	0. 046	0. 034
X6	0. 075	0. 075	0. 063	0. 063	0. 069	0. 000	0. 052	0. 057	0. 052	0. 052	0. 040	0. 040	0. 063	0. 075	0. 080
X7	0. 040	0. 063	0. 046	0. 029	0. 046	0. 034	0. 000	0. 063	0. 063	0. 069	0. 069	0. 052	0. 057	0. 080	0. 040
X8	0. 023	0. 080	0. 057	0. 057	0. 040	0. 040	0. 063	0. 000	0. 086	0. 103	0. 069	0. 098	0. 057	0. 063	0. 046
X9	0. 023	0. 069	0. 075	0. 063	0. 052	0. 057	0. 052	0. 086	0. 000	0. 086	0. 063	0. 086	0. 057	0. 069	0. 046
X10	0. 017	0. 092	0. 069	0. 069	0. 040	0. 029	0. 046	0. 086	0. 086	0. 000	0. 080	0. 115	0. 069	0. 057	0. 040
X11	0. 040	0. 086	0. 075	0. 075	0. 040	0. 034	0. 040	0. 063	0. 098	0. 098	0. 000	0. 098	0. 075	0. 063	0. 040
X12	0. 029	0. 086	0. 069	0. 063	0. 069	0. 040	0. 040	0. 086	0. 115	0. 092	0. 092	0. 000	0. 075	0. 075	0. 034
X13	0. 086	0. 080	0. 075	0. 075	0. 075	0. 075	0. 075	0. 069	0. 063	0. 075	0. 063	0. 086	0. 000	0. 046	0. 057
X14	0. 115	0. 086	0. 063	0. 069	0. 052	0. 063	0. 080	0. 052	0. 069	0. 052	0. 057	0. 069	0. 046	0. 000	0. 040
X15	0. 069	0. 063	0. 046	0. 046	0. 057	0. 109	0. 063	0. 034	0. 057	0. 023	0. 029	0. 040	0. 040	0. 046	0. 000

表 9-5　　综合影响矩阵 *T*

因素	X1	X2	X3	X4	X5	X6	X7	X8	X9	X10	X11	X12	X13	X14	X15
X1	0. 202	0. 346	0. 275	0. 268	0. 252	0. 258	0. 248	0. 289	0. 296	0. 309	0. 308	0. 322	0. 273	0. 300	0. 227
X2	0. 361	0. 446	0. 419	0. 391	0. 418	0. 368	0. 383	0. 442	0. 488	0. 507	0. 445	0. 523	0. 420	0. 432	0. 326
X3	0. 273	0. 407	0. 288	0. 300	0. 309	0. 268	0. 286	0. 339	0. 382	0. 405	0. 362	0. 422	0. 318	0. 341	0. 259
X4	0. 310	0. 410	0. 346	0. 265	0. 302	0. 284	0. 280	0. 341	0. 378	0. 377	0. 355	0. 403	0. 316	0. 324	0. 254
X5	0. 229	0. 375	0. 318	0. 277	0. 234	0. 264	0. 261	0. 307	0. 342	0. 345	0. 305	0. 369	0. 289	0. 301	0. 227
X6	0. 336	0. 454	0. 378	0. 354	0. 354	0. 271	0. 326	0. 378	0. 408	0. 412	0. 367	0. 420	0. 361	0. 387	0. 316
X7	0. 279	0. 412	0. 337	0. 299	0. 307	0. 278	0. 253	0. 358	0. 392	0. 400	0. 366	0. 401	0. 332	0. 366	0. 258
X8	0. 303	0. 490	0. 399	0. 373	0. 349	0. 325	0. 355	0. 353	0. 473	0. 491	0. 421	0. 505	0. 382	0. 402	0. 301
X9	0. 302	0. 476	0. 411	0. 375	0. 357	0. 338	0. 343	0. 429	0. 389	0. 472	0. 412	0. 491	0. 378	0. 404	0. 300
X10	0. 303	0. 507	0. 416	0. 389	0. 355	0. 320	0. 345	0. 439	0. 481	0. 405	0. 438	0. 528	0. 398	0. 403	0. 301
X11	0. 331	0. 511	0. 429	0. 401	0. 362	0. 331	0. 347	0. 427	0. 497	0. 501	0. 371	0. 522	0. 410	0. 415	0. 307
X12	0. 332	0. 529	0. 438	0. 405	0. 400	0. 349	0. 360	0. 461	0. 529	0. 514	0. 469	0. 451	0. 423	0. 439	0. 312
X13	0. 386	0. 524	0. 443	0. 414	0. 407	0. 382	0. 391	0. 445	0. 481	0. 496	0. 445	0. 526	0. 354	0. 416	0. 336
X14	0. 387	0. 490	0. 399	0. 378	0. 356	0. 345	0. 368	0. 396	0. 448	0. 438	0. 406	0. 470	0. 367	0. 341	0. 296
X15	0. 291	0. 386	0. 315	0. 294	0. 301	0. 331	0. 294	0. 309	0. 358	0. 331	0. 306	0. 359	0. 296	0. 316	0. 207

根据表 9-3 直接影响矩阵，可以观察到存在极高影响的几个因素，影响值均为 3. 8 以上。X10 对 X12 有极高影响，X12 对 X9 有极高影响，X14 对 X1 有极高影响，X15 对 X6 有较高影响。回收处理企业的回收处理成本对其经济效益有极高影响，影响分值为 4。回收处理企业如果能够降低回收处理成本，就能够提升自身盈利空间，企业整体就容易取得良好的经济效益。回收处理企业的经济效益对其回收规模有极高影响，分值为 4，无论什么类型的企业，自身经济效益较好的时期自然会考虑企业扩张问题，回收处理企业的经济效益好，它就会扩大回收规模以追求更大的经济利益。政府对 WEEE 回收处理的法律法规（约束）对生产者产品环境影响信息披露有极高影响，影响值为 4。这两个因素间的关系显而易见，若政府出台的法律法规中规定生产者需要按照一定标准披露产品的环境信息，生产者就必须按照法律规定采取行动，否则将受到严重的处罚。政府对 WEEE 回收处理的公益宣传对消费者的环保意识有极高影响，此项影响因素值为 3. 8，仅次于最高影响因素。政府发挥大众媒体和民间环保组织的作用，利用互联网作为强大的平台，广泛宣传废弃电器电子产品所带来的环境危害，增加消费者对废弃电器电子产品相关知识的了解，增强社会关注度，使大众意识到注重环境保护、倡导环保回收的重要性，提高消费者对废弃电器电子产品的回收意识、树立正确的回收观念。

与直接影响矩阵相对应，各维度因素间相互影响如图 9-3 至图 9-6 所示。

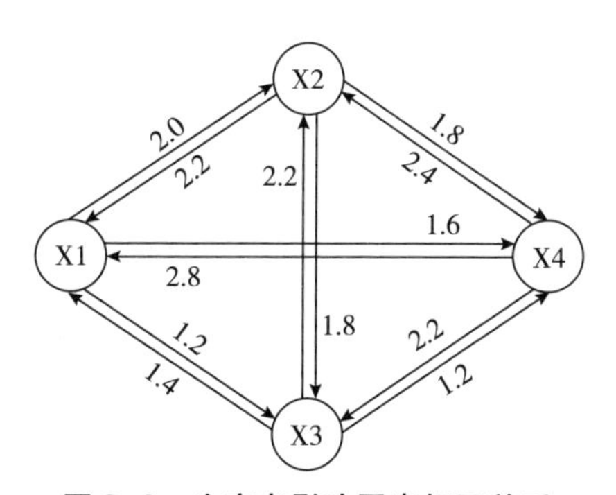

图 9-3　生产者影响因素相互关系

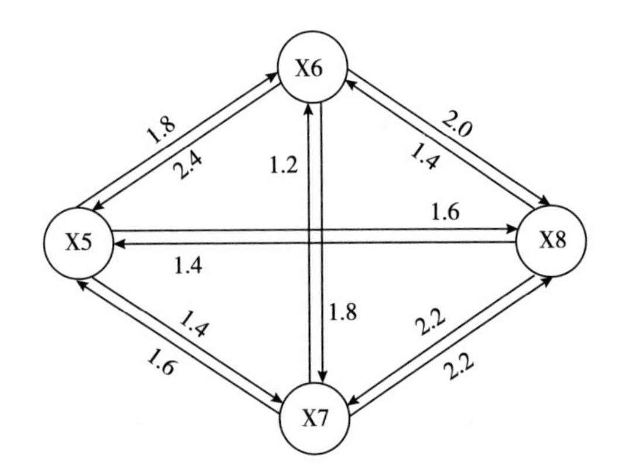

图 9-4　消费者影响因素相互关系

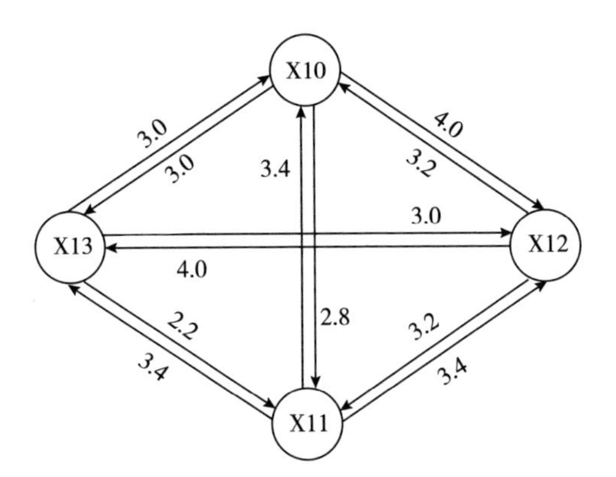

图 9-5　回收处理企业影响因素相互关系

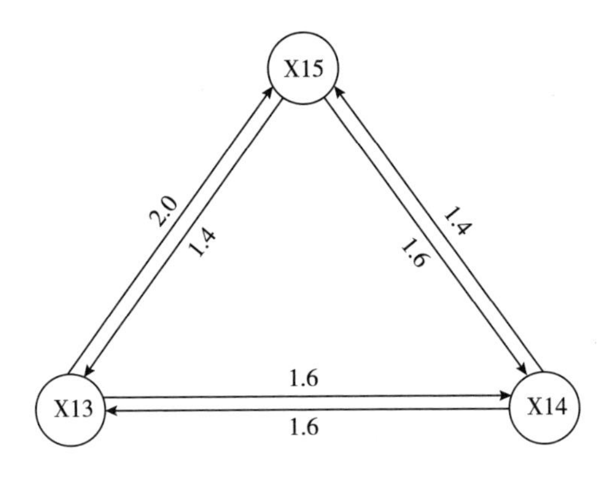

图 9-6　政府影响因素相互关系

依据综合影响矩阵 ***T*** 和 DEMATEL 计算步骤中的式（9-5）、式（9-6），可以得到各因素的综合影响关系（见表 9-6），并绘制出因果关系（见图 9-7）。

表 9-6　　综合影响关系

因素	影响度 D	被影响度 C	中心度 D+C	原因度 D-C
X1	4. 1739	4. 6271	8. 8011	-0. 4532
X2	6. 3676	6. 7640	13. 1315	-0. 3964
X3	4. 9594	5. 6106	10. 5700	-0. 6512
X4	4. 9456	5. 1816	10. 1272	-0. 2360
X5	4. 4426	5. 0614	9. 5041	-0. 6188
X6	5. 5235	4. 7109	10. 2344	0. 8126
X7	5. 0388	4. 8398	9. 8786	0. 1990
X8	5. 9214	5. 7145	11. 6360	0. 2069
X9	5. 8754	6. 3418	12. 2172	-0. 4665
X10	6. 0272	6. 4024	12. 4296	-0. 3752
X11	6. 1600	5. 7742	11. 9342	0. 3858
X12	6. 4100	6. 7116	13. 1216	-0. 3017
X13	6. 4456	5. 3160	11. 7616	1. 1297
X14	5. 8859	5. 5864	11. 4723	0. 2995
X15	4. 6922	4. 2268	8. 9190	0. 4653

二　WEEE 循环产业发展影响因素间关系分析

上述数据分析得出了 WEEE 循环产业发展影响因素的影响度与被影响度、原因度与中心度。影响度代表该要素对 WEEE 循环产业中其他要素的整体影响值，被影响度代表该要素对其他要素的整体影响值，原因度代表该要素与其他要素的因果关系，按照数值的正负可细分为原因项和结果项。如果值为正，则表示该因素对 WEEE 循环产业中的其他因素影响较大，称为原因因素；如果值为负，则表示该因素受到 WEEE 循环产业中其他因素的强烈影响，称为结果因素。中心度表示该因素在 WEEE 循环产业影响因素体系中的位置及其所起作用的大小。

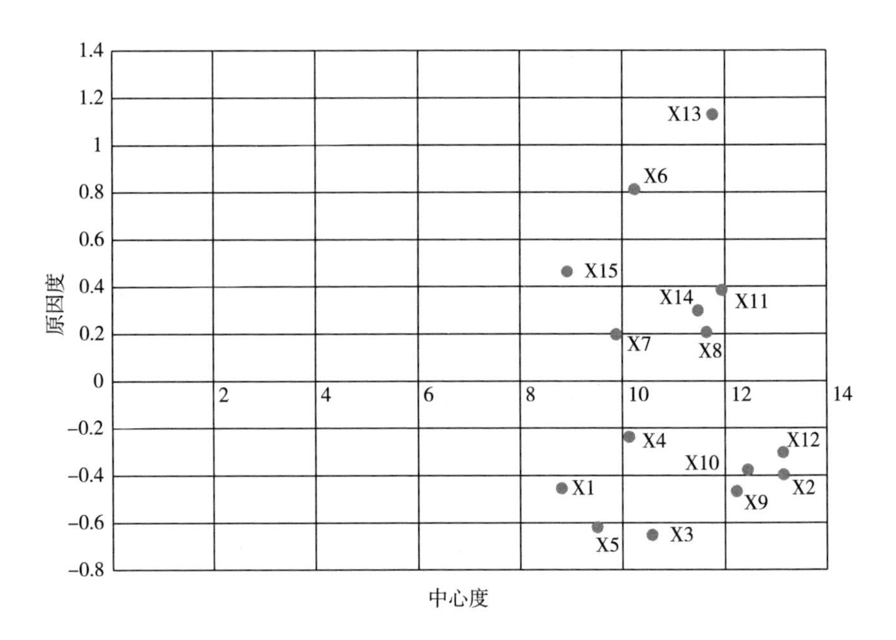

图 9-7　WEEE 循环产业发展影响因素因果关系

（一）影响度与被影响度分析

根据表 9-6，在 WEEE 循环产业发展影响因素体系中，对其余因素的综合影响程度较高的几个因素（影响度较高）是政府对 WEEE 回收处理的政策倾向（激励）、回收处理企业的经济收益、生产者建立回收处理系统、回收处理企业的拆解和再利用技术。政府对 WEEE 回收处理的政策倾向（激励）是目前 WEEE 循环产业能够得到迅速发展的首要影响因素。其中，政府对处理商实施补贴政策、提供技术支持等均属于政府对 WEEE 回收处理的政策倾向。例如，财政部、环境保护部、国家发展改革委、工业和信息化部、海关总署和国家税务总局于 2015 年联合发布《废弃电器电子产品处理基金征收使用管理办法》，明确了电视机、冰箱等废弃电器电子产品的补贴标准和相关管理办法，这直接影响了企业拆解 WEEE 的积极性。由于基金制度，我国“四机一脑”的回收拆解率大幅提升。上述因素在制定管理措施时可作为重点考虑的因素。政府对废弃电器电子产品管理的重视程度和出台的一系列政策，是建立环保化回收渠道的前提和保障。但是目前在 WEEE 管理过程中存在基金入不敷出，基金补贴企业的审批程序和条件不明确，新增目录产品支持政策未出台，财政资金管理要求与环境保护要求之间衔接不到位等问题。尽管 WEEE 处理基金补贴标准已在 2021 年 4 月进行了调整，但仍然需要进一步改革和完善相关制度，促使我国废弃电器电子产品循环产业朝着有序化方向发展。因此，加强政府对回收处理企业的政策倾向，加快完善废弃电器电子产品相关法律法规体系，是政府应长期坚持的举措。

回收处理企业的经济效益同样是非常重要的影响因素，其成长壮大能够刺激 WEEE 循环产业的发展。所以回收处理企业在享受国家补贴的同时，也要改善自身的经营管理模式，提升市场竞争能力。废弃电器电子产品收集是回收企业的第一环节，也是影响其盈利能力的关键一环。回收企业可以发挥自己的专业优势，扩展回收渠道，增大废旧产品回收量。一方面开展社区回收模式，另一方面在卖场或者维修点设立回收点，也可以借助“互联网+上门服务”模式，将线上平台、线下上门服务、物流仓储等环节进行有效整合。另外，正规渠道的回收处理企业可以与生产企业进行合作，把回收得到的核心零部件和通用零部件销售给生产商进行产品翻修或再制造，提高自己的盈利能力，或者与维修业、文化业、金融业等紧密合作，扩展更多新型共同发展模式，如环保和文化产业的融合、生态金融产业等。

生产者建立回收处理系统这一因素的重要性紧随其后，其理论基础是 EPR 制度，鼓励制造商在产品回收过程中创造更大的价值。生产者直接参与回收有诸多好处，比如有利于促进产品的绿色设计与生产制造，确保产品源头的环保性；方便消费者以旧换新，提高回收率；回收使用废弃产品中的零部件，可降低二次生产成本，节约资源，从而提高产品的盈利能力。促进生产者建立回收处理系统，首先，可以在法律法规中明确生产者的责任，从外部推动生产行业整体环保意识的提升。其次，生产者、回收处理企业可以通过协议达到信息共享、分工合作的目的，提高回收供应链的运营效率。最后，我们可以学习国外经验，建立生产者责任组织。生产者责任组织负责所有加盟生产企业的回收，从而实现规模效应，提高运作效率。

回收处理企业的拆解和再利用技术的影响程度排在第四位，也会对 WEEE 循环产业的发展产生影响。拆解和再利用技术不仅会影响回收处理企业的经济效益，也会对拆解过程中带来的环境负担产生影响。若回收处理企业具备先进的技术支持，能够延长产业链条、对废弃电器电子产品拆解进行深加工，既能够增加产品的附加值，又能减少拆解环节带来的环境污染。回收处理企业应努力着手技术和装备的升级改造，逐步向深加工方向发展，使拆解工艺流程和处理技术向高效化靠近。提高资源利用率、充分发挥废旧品回收带来的价值是 WEEE 循环产业未来发展的大趋势，回收处理企业的利润率可以通过深度加工获取高价值资源等方式来进一步提高，以此提升公司的市场竞争优势。

被影响度较高的因素包括生产者建立回收处理系统、回收处理企业的经济收益、回收处理企业的回收处理成本、回收处理企业的回收规模。这几个因素受其他因素影响而制约 WEEE 循环产业发展，容易因其他因素的变化而发生改变。生产者建立回收处理系统在被影响因素中影响值最高，独立性较弱，但比较容易改变，只有科学地实现经济效益的回收，才能真正有效地实现 WEEE 的回收；回收处理企业的经济收益也影响企业的待遇，有效提高处理商的经济收益是短时间内的关键点。经济效益是回收处理企业生存与发展的关键所在，企业要改善自身的经营管理模式，努力降低自身工艺流程及管理经营成本，提升市场竞争能力；企业的回收率和回收量主要受回收成本的影响，企业在回收时应优先考虑回收成本，并在此基础上制定合理的回收价格；回收处理企业的回收规模直接受其自身的经济效益的影响，中小规模的回收处理企业可以向政府申请技术支持，增加投入力度，促进产业的规模化和产业化。

（二）原因度分析

原因度指的是该因素对其他因素的影响程度，即因果关系。图 9-7 中，纵坐标数值越大表明该影响因素对其他因素的影响程度越大。WEEE 循环产业发展的各个影响因素的原因度分为以下两种情形：

$R_i>0$ 为原因因素。由图 9-7 可知，按照原因度从大到小排序为

X13、X6、X15、X11、X14、X8、X7，其代表意义分别为政府对WEEE回收处理的政策倾向（激励）、消费者环保意识、政府对WEEE回收处理的公益宣传、回收处理企业拆解和再利用技术、政府对WEEE回收处理的法律法规（约束）、消费者方面的回收价格和回收的安全程度。其中X13为最重要的原因因素，即其影响着其他影响因素，并且不容易受到外界因素的影响。这可能是由于政府对WEEE回收处理的政策倾向会使各个主体都有意识地采取回收处理行为。生产企业受到政府的激励开始建立自己的回收渠道，或采取以旧换新、互联网回收等新模式回收自己的废旧产品；回收处理企业得到政府的补贴或技术支持能够不断发展，努力减少回收拆解过程中带来的环境污染；政府发布的激励政策能够有效引起社会关注度，唤起消费者的回收意识。

$R_i<0$为结果因素。由图9-7可知，按照结果度从大到小排序为X4、X12、X10、X2、X1、X9、X5、X3，其代表意义分别为生产企业利用再生资源将其作为部分生产原料、回收处理企业的经济收益、回收处理企业的回收处理成本、生产者建立回收处理系统、生产者产品环境影响信息披露、回收处理企业回收规模、消费者方面的回收的便利程度和生产企业设计易于拆卸的产品结构。这些结果因素对WEEE循环产业发展会起到一定的推动或制约作用，且其容易受到外界因素的影响。因此，WEEE循环产业要想得到有效发展，非常重要的一点就是回收处理企业要突破微利、薄利的生产经营模式，使所生产的再生资源可以与原生资源进行市场竞争，使生产企业能够将再生资源作为一部分生产原料，并因此获利。经济收益是回收处理企业生存与发展的关键所在，银行可以将低利率贷款提供给具有正规拆解资质的处理商，以此缓解中小企业融资难的问题。

（三）中心度分析

中心度表示该因素在WEEE循环产业发展影响因素评价指标体系中的位置及其所起作用的大小，即图9-7中的横坐标所示，中心度数值的大小代表了影响因素的强弱，数值越大代表该影响因素的影响作用越强，其地位就越重要。由图9-7可知，按照中心度大小排序为

X2、X12、X10、X9、X11、X13、X8、X14、X3、X6、X4、X7、X5、X15、X1。其中，X2 生产者建立回收处理系统是影响 WEEE 循环产业发展的最重要因素，该因素与其他因素的关联作用最大。从整个 WEEE 循环产业来看，如果生产者能够建立完善的回收处理系统，不仅可解决我国回收物资零星分散所致的回收率低的问题，并且回收的部件还能得到有效的拆解和再利用；其次 X12 回收处理企业的经济收益、X10 回收处理企业的回收处理成本、X9 回收处理企业的回收规模、X11 回收处理企业的拆解和再利用技术也是重要的因素，并且这几个因素都是回收处理企业维度的影响因素，说明回收处理企业在整个 WEEE 循环产业发展中处于重要环节。

（四）综合影响

在综合影响关系方面，将各个维度所包括因素的影响度、被影响度、中心度和原因度数值进行相加，得到各维度对 WEEE 循环产业影响的相应指标数据（见表 9-7）。

表 9-7　各主体的影响关系

维度	影响度 D	被影响度 C	中心度 M	原因度 R
生产者	20.4465	22.1833	42.6298	-1.7368
消费者	20.9264	20.3266	41.2530	0.5998
回收处理企业	24.4725	25.2301	49.7026	-0.7576
政府	17.0237	15.1292	32.1529	1.8945

由表 9-7 可知，政府、消费者的原因度大于零，是原因因素。而回收处理企业和生产者的原因度小于零，是结果因素。同时，回收处理企业和生产者的中心度分别为 49.7026 和 42.6298，位于中心度的前两位，发挥重要作用，但两者都是结果因素，其行为一定程度上受到其他两个主体的制约。政府的原因度和影响度为较大的正值，但其中心度却小于回收处理企业和生产者，说明政府作为促进 WEEE 循环产业发展的决定性角色，其作用的发挥虽然起着强大的助推作用，但仍不能忽视生产者和回收处理企业的重要作用，生产者和回收处理者

才是整个 WEEE 循环产业的中心环节。消费者的原因度也较高，说明社会公众是促进 WEEE 循环产业发展的重要角色。政府及社会公众行为对改变环境污染和资源浪费现象，以及改变回收处理企业目前的窘境，例如，对改变上游回收原料短缺，下游标准化加工再利用性差的现状具有重要意义。

第十章　政策建议

本章基于国外 WEEE 相关管理经验、我国回收现状和存在的问题、利益相关者行为特点及影响因素的研究结果，对 WEEE 回收处理体系利益相关者的行为提出指导建议，为废弃电器电子产品领域生产者责任延伸制度的推行、履责绩效评价指标的构建和关键信息数据的采集提供理论支撑。

第一节　对生产企业行为的建议

生产者既是废弃电器电子产品产生的源头，也是电器电子产品生产者责任延伸制度的主要责任主体。作为改善废弃电器电子产品回收现状的关键利益相关者，生产企业具有数量繁多、分布广泛的特点，导致不同企业的产品在生产过程中没有统一标准，给回收处理带来不便。

一　增强企业社会责任感，适应时代发展潮流

经过研究发现，企业管理者的绿色意识越强，越会正向影响企业参与废弃电器电子产品回收的意向。所以，企业是否参与废弃电器电子产品回收很大程度上受企业管理者的意愿所影响。增强企业领导者的社会责任感是推动生产企业参与建立回收体系的关键。此外，生产企业管理者应该意识到，随着市场经济的不断发展，资源紧张问题日趋严重，资源的供求矛盾越来越明显，建立自身的回收体系将彰显其优势。由于废旧产品的市场收购价格较低，所以企业进行旧产品回购加工可以大幅度地降低原材料生产成本，增加企业效益。

二　创新绿色设计，树立企业形象

传统的电器电子产品的生产只关注如何将产品快速低成本地生产和销售，因此其产品设计仅仅考虑市场需求、美观程度、制造成本等问题，对环境影响考虑较少。但是，随着经济发展和消费者认知程度的提升，越来越多的消费者会考虑产品的节能性、安全性、环保性等。所以，企业应该意识到这一需求变化，在电器电子产品设计中将环境因素纳入考虑范围，降低产品对环境的负面影响，既满足消费者与时俱进的消费需求，又树立良好的企业品牌形象，增加企业在市场中的竞争点，巩固市场地位。除考虑产品的绿色材料使用、降低能耗能、简洁包装之外，针对回收可以设计便于拆解再利用的产品，使用统一标准的连接点，以螺丝代替焊接或黏合，提供拆解相关标识信息等。

第二节　对回收处理企业行为的建议

对于回收企业，目前大部分的废弃电器电子产品仍然是由个体废品回收者回收，其流动性好，但属于非正规回收，难以管理。回收站主要是由政府与地方主体回收企业合办的社区回收站点，受到工商、商委、城市管理委员会等多政府主管部门共同监督，需要缴纳税款和管理费用，运营管理成本高，不易做到与非正规回收渠道展开价格竞争回收。从处理企业视角出发，其正规性与技术水平对废弃电器电子产品的再利用以及维护生态环境有着重要影响。

一　回收企业创新回收方式，提高回收效率

回收企业可以发挥自己的专业品牌优势，取得消费者的信任，拓宽回收渠道，增加废弃电器电子产品的回收数量。废弃电器电子产品收集不仅是回收企业的第一个环节，也是影响其盈利能力的关键一环。一方面，回收企业可以开展社区回收模式，在社区内设置固定回收点或者提供上门回收服务；另一方面，可以与生产企业或销售商建立合作回收渠道，在卖场或者维修点设立回收点。另外，也可以借助

“互联网+上门服务”模式，这种创新模式或可将线上平台、线下上门服务、物流仓储等环节进行有效整合，降低回收站的运营成本，提高回收效率。

二　处理企业深化产业链，提升自身竞争力

处理企业可以与高校科研院所合作，研发创新先进的拆解处理技术，延长产业链条，对废弃电器电子产品拆解进行深加工，走出一条适合企业自身发展的道路。这既能够增加产品的附加值，又能够减少拆解环节带来的环境污染，使拆解工艺流程和处理技术向高效化靠近。提高资源利用率、充分发挥废旧品回收带来的价值是 WEEE 循环产业未来发展的大趋势，处理企业可以通过深度加工、获取高价值的资源等方式提高利润率，以品牌价值、规模优势赢得一定的市场竞争优势。

第三节　对消费者及社会相关组织行为的建议

消费者具有分布广、个体差异较小的特点，其产生的废弃电器电子产品较为分散，因此，消费者的废弃电器电子产品回收参与程度对于提高废弃电器电子产品循环产业的回收率十分重要。

一　消费者转变消费模式，积极参与回收行动

消费者行为对废弃电器电子产品回收有重要影响，国外很多国家对消费者回收责任进行了明确的界定，规定消费者有向回收点移交废弃电器电子产品的义务。但是基于我国国情，我国显然不能简单照搬国外的制度。对消费者而言，除了努力提升自己的环保意识之外，还应将这种意识落实到自身的生活习惯中，提升自身的环保使命感和责任感，尽可能身体力行地影响周围人的行动。例如，在购买电器电子产品时考虑产品的环境影响，尽可能地延长产品的使用寿命，并尽可能多层级地使用所购买的产品，可以通过维修延长使用寿命，尽量减少更换，还可以将能继续使用的产品在二手市场进行交易，不能使用的交投至正规回收商（线上或线下）。

二 行业协会提升服务能力，建立政企协同桥梁

生产者责任组织，如行业协会在国外是普遍存在的，作为政府非营利组织开展废弃电器电子产品的回收管理。在当前国际经济环境日益复杂、经济高质量发展要求不断提升、企业经营成本日益攀升、生存压力较大的情况下，更需要充分发挥行业协会作用，提升已有行业协会服务能力，建立政府管理和企业运行协同的桥梁，搭建企业合作平台，打造信息同享、渠道共建、合作共赢的发展态势，助力废弃电器电子产品循环产业更好更快发展。

第四节 对政府行为的建议

政府既是法律法规的制定者和实施者，也是克服市场运行机制缺陷的主体。废弃电器电子产品循环产业发展所包含的各环节都有较强的外部性，企业等微观经济主体由于对经济效益的追求，易出现重视经济效益而忽略社会和环境效益的现象。与此同时，社会公众时常存在认识的局限性和广泛存在“搭便车”的心理，因此对回收处理行为普遍持被动心态。政府理所应当承担起制定相关规则的责任，加强公众环保意识，提升社会整体福利，引领可持续发展。

一 在立法环节明确生产企业的产品物质责任，提高经济责任标准

目前有关的法律文件，如《废弃电器电子产品回收处理管理条例》，只规定了生产企业的经济责任，并没有强制规定生产企业提高科技研发水平、建立回收体系以及提高废弃产品最终处理技术等生产企业的产品物质责任。绝大多数企业对参与回收的理解只限于被动缴纳费用，还有部分有意愿建立回收体系的企业往往会担心参与回收会使自身的竞争力下降，从而采取与绝大多数企业相同的策略，并不会主动建立回收体系。因此，如果立法中明确规定生产企业的产品物质责任，则可以从外部推动废弃电器电子产品循环产业的发展。此外，本书结果表明，生产企业参与废弃电器电子产品回收的绩效期望主要

集中于环境治理成本的减少。因此，政府为了约束生产企业参与废弃电器电子产品回收，可以制定更加严格的环境政策，提高经济责任标准，倒逼生产企业发现建立回收体系的经济价值，促使生产企业更加主动地参与废弃电器电子产品的回收。

二　完善基金制度，建立合理激励机制

针对基金入不敷出的问题，“以支定收”具有一定的合理性，但现在若完全实现“以支定收”必然会大幅增加基金征收标准，在短期内一定会对生产企业造成较大冲击，所以在短期内可以适当提高基金征收标准，未来再逐步提高。另外，可以对基金进行谨慎安全的投资运营，所获得的收益可以在一程度上弥补基金的缺口。本书结果表明，生产企业参与废弃电器电子产品正规回收所受到的社会影响主要来源于政府的监督以及相关补贴和税收优惠政策。回收处理、提炼再利用废弃电器电子产品需要一定的技术工艺和配套设备，企业需要增加相关投入，对此，政府可以考虑加大相应的免税政策力度或投资支持，降低生产企业参与废弃电器电子产品回收的难度。因此，政府应该建立合理的激励机制，完善相关补贴政策和税收优惠政策，有效激励生产企业参与废弃电器电子产品回收处理。

三　加大环保宣传，培养回收意识

政府应通过积极有效的宣传，提升生产企业及消费者环保回收意识，引起社会的高度关注，使废弃电器电子产品回收处理成为社会关注并愿意共同积极解决的问题。对于不同的主体，政府所采取的手段应该有不同的侧重点。对于生产企业，相关的法律法规和条例可以迅速有效地规范生产企业回收处理行为。对于消费者，政府可以激发大众媒体、网络等平台的强大力量，通过拍摄相关短片宣传环保回收。注重基础教育，将环保回收意识带入校园，对学生进行基础性普及教育，以学生回收意识的提升带动社会回收意识提升。同时，对消费者可以设定一定的激励或约束规则。如采用环保积分兑换礼物等方式，引导其向正规回收渠道提交废弃电器电子产品的行为。还可以考虑在产品销售价格中加入部分回收处理费用，让消费者承担起部分回收处理责任。

附　录

附录1：废弃电器电子产品循环产业链利益相关者评分问卷

尊敬的专家：

您好！

感谢您参与国家重点研发计划子课题“废弃电器电子产品回收利用社会行为分析”项目的调查，贡献您宝贵的意见。请您对以下废弃电器电子产品（Waste Electrical and Electronic Equipment，WEEE）循环产业链上利益相关者的合理性（行业内对该主体参与WEEE正规回收的期望程度）、重要性（该主体的地位、能力及相应行为对WEEE正规回收产生影响的程度）及紧急性（该主体的需求是否能够立即引起关注）三个维度进行打分。分值为1—5分，分数越高代表越重要。

您的评分真实表达您的意见即可，您所填的个人信息不会在未征得您同意的情况下擅自使用。衷心感谢您的大力支持！祝您工作顺利！

利益相关者三维度打分表

年龄：　　　　　职称：　　　　单位：

序号	利益相关者		评价维度		
			合理性	重要性	紧急性
1	消费者	居民			
2	生产者	产品生产企业			

续表

序号	利益相关者		评价维度		
			合理性	重要性	紧急性
3	回收者	互联网回收企业			
4	回收者	传统回收企业			
5	回收者	个体废品回收者			
6	回收者	经销商和售后服务商			
7	处理者	有资质的处理企业			
8	处理者	再利用企业			
9	处理者	个体维修站			
10	监督者	政府			
11	监督者	非政府组织			

附录2：生产者参与废弃电器电子产品回收的影响因素调查问卷

您好！

非常感谢您抽出宝贵的时间阅读和回答本问卷！我们是北京工业大学废物管理研究课题组，为全面了解生产企业参与废弃电器电子产品（WEEE）回收处理和再利用的影响因素，我们特别设计了这份问卷进行调查。本次调查所指的“WEEE 回收”即您所在的生产企业对生产销售出去的产品，在其废弃后通过传统或互联网渠道以自行回收、委托第三方回收或加入由生产者组成的回收联盟等方式，来承担回收的行为责任。调查中提到的生产者责任延伸（EPR）制度是指生产者除了承担产品生产、销售过程的环境责任，还要承担产品销售后的环境责任，对销售后的废弃产品进行回收处理、循环利用。问卷采取不记名填写方式，所有回答将严格保密，仅供学术研究使用。您的经验和判断对本次研究非常重要，烦请您根据企业的实际情况对问卷中所描述的问题做出判断和真实回答，谢谢您的配合！

一　企业基本情况

1. 您所在的企业部门：

①生产部门

②研发部门

③采购部门

④财务部门

⑤市场部门

⑥其他

2. 您所在企业的规模（上年度主营业务销售额）：

①300 万元以下

②300 万—2000 万元

③2000 万—40000 万元

④40000 万元以上

3. 您所在企业的性质：

①国有及国有控股企业

②集体企业

③民营企业

④中外合资企业

⑤外商独资企业

⑥其他

4. 您所在企业的发展阶段：

①创业阶段

②成长阶段

③成熟阶段

④衰退阶段

5. 您所在企业的成立年限：

①1—5 年

②6—10 年

③11—15 年

④16—20 年

⑤21 年及以上

6. 您所在企业名称：______________________

二　企业参与废弃电器电子产品（WEEE）回收的影响因素调查

请您根据本企业的真实状况，对下列陈述做出判断，并打“√”选择相应选项。

表 1　　企业参与 WEEE 回收的影响因素

序号	问题	完全符合 5	比较符合 4	不清楚 3	不太符合 2	完全不符合 1
1	企业参与 WEEE 回收可以节约原材料，降低生产成本					
2	企业参与 WEEE 回收可以减少环境治理成本（基金、环境税等）					
3	企业参与 WEEE 回收可以提高经济收益，如再制造品和再销售					
4	企业参与 WEEE 回收有利于企业在设计、生产、销售、回收等各个环节都贯彻绿色环保的理念					
5	企业参与 WEEE 回收有利于企业塑造环境友好的形象					
6	企业能够且容易获得参与 WEEE 回收所需要的技术和服务					
7	企业具备参与 WEEE 回收必要的企业资源（人、财、物）					
8	参与 WEEE 回收对于企业是潜在可实现的事情					
9	政府制定的环保法规、回收管理条例等约束性政策促使企业参与 WEEE 回收					
10	政府的环保类补贴和相关税收优惠会促使企业参与 WEEE 回收					
11	政府监督力度强，会促使企业参与 WEEE 回收					

续表

序号	问题	完全符合5	比较符合4	不清楚3	不太符合2	完全不符合1
12	同行业竞争对手主动参与 WEEE 回收促使企业实施 WEEE 回收					
13	消费者绿色意识增强会促使企业参与 WEEE 回收					
14	社会力量的存在（行业协会、媒体、环保组织）促使企业参与 WEEE 回收					
15	企业参与 WEEE 回收具有不确定性，可能导致回收货源不足、设备利用率低等问题					
16	企业参与 WEEE 回收初期，设备投资较大，可能无法盈利甚至亏损					
17	企业担心组织管理 WEEE 回收需要耗费大量的时间和精力					
18	企业听说过或了解生产者责任延伸（EPR）制度					
19	企业管理者有足够的环境价值观，愿意为 WEEE 回收安排资源					
20	企业管理者注重绿色理念，将环保理念作为企业文化建设的重要组成部分					
21	企业能够获得专门部门和人员帮助解决 WEEE 回收期间遇到的困难					
21	企业愿意了解 WEEE 回收相关的信息，包括 EPR 制度					
22	企业愿意参与和推进 WEEE 回收					
23	企业愿意不断改进技术和管理，提高 WEEE 回收处理的效率					

三　企业参与废弃电器电子产品（WEEE）回收的行为调查

请您根据本企业的真实情况，对下列陈述做出判断，并打“√”选择相应选项。

表 2　企业参与 WEEE 回收的行为

序号	问题	完全符合 5	比较符合 4	不清楚 3	不太符合 2	完全不符合 1
1	企业履行了生产者责任延伸（EPR）制度					
2	企业曾经或正在参与 WEEE 回收					
3	企业通过自身/委托第三方/加入由生产者组成的回收联盟等方式对废弃资源进行回收处理和利用					
4	企业通过自身/委托第三方/加入由生产者组成的回收联盟等方式对销售后的废旧产品进行回收					
5	企业在产品生产的源头采用绿色生态设计					

7. 您对废弃电器电子产品回收有何意见或建议?

四　被调查者的情况

8. 您的性别:

①男

②女

9. 您的学历:

①高中及以下

②大专

③本科

④研究生

10. 您的工作年限:

①小于 1 年

②1—5 年

③6—10 年

④大于 10 年

11. 您的职位级别:

①高层管理者

②中层管理者

③基层管理者

④其他

附录 3：消费者参与废弃家电回收的影响因素调查问卷

您好！

为全面了解居民参与废弃家电正规回收的影响因素，北京工业大学废弃家电回收研究课题小组设计了此份问卷开展调查。

废弃家电是指人们日常生活中所产生的废旧电视机、电冰箱、洗衣机、空调等产品。本次调查涉及的废弃家电正规回收渠道主要包括网上预约回收、回收站或回收网点、废弃产品在销售网点以旧换新等方式（请特别注意没有资质的回收小贩不属于正规回收）。

问卷采取不记名填写方式，所有回答将严格保密，并被纳入总体资料中作学术研究之用。请您认真填写问卷，根据自身的实际情况进行回答，谢谢您的配合！

一　居民基本情况

1. 您的性别为：

①男

②女

2. 您的年龄为：

①0—18 岁

②19—25 岁

③26—40 岁

④41—60 岁

⑤61 岁及以上

3. 您目前正在攻读或已取得的最高学历为：

①初中及以下

②高中

③本科

④研究生

4. 您的月收入为：

①0—5000 元

②5000—10000 元

③10000—20000 元

④20000—30000 元

⑤30000 元以上

二 居民回收意愿及影响因素调查

请根据您的真实生活状态，选择出可能促使您参与废弃家电回收的因素，以表示您的认同程度，在对应栏目下打“√”。

居民回收意愿及影响因素

序号	问题	完全符合 5	比较符合 4	不清楚 3	不太符合 2	完全不符合 1
1	参与废弃家电正规回收可以为我带来相关经济收益					
2	参与废弃家电正规回收比闲置或丢弃更有利于资源再利用					
3	参与废弃家电正规回收有利于节省放置空间					
4	参与废弃家电正规回收可以为环保做贡献					
5	我认为进行废弃家电正规回收是容易的，不需要花费很大精力					
6	我知道如何进行废弃家电正规回收					
7	我能够熟练地通过正规渠道回收废弃家电					
8	我参与废弃家电正规回收受到周围亲朋好友的影响					
9	我参与废弃家电正规回收受到媒体宣传的影响					

续表

序号	问题	完全符合5	比较符合4	不清楚3	不太符合2	完全不符合1
10	我参与废弃家电正规回收受到社区的影响					
11	我能够获得参与正规回收所需的信息并具备相应条件					
12	我具有进行废弃家电的正规回收所需的知识和能力					
13	回收网点离我家较近（或网上预约上门取件回收省时省力）					
14	当我在进行废弃家电正规回收遇到困难时，能够得到某个人（或团队）的帮助和指导					
15	我愿意不断了解废弃家电的正规回收方式					
16	我愿意参与废弃家电正规回收					
17	我认为进行废弃家电正规回收很符合我的生活（环保）理念					
18	我愿意向家人、朋友、同事等身边人推荐废弃家电正规回收					
19	我曾经或现在正通过正规渠道对废弃家电进行回收					
20	我曾经向家人、朋友、同事等身边人建议通过正规渠道处理废弃家电					

三　您对废弃家电回收有何意见或建议？

附录4：消费者参与废弃电子产品互联网回收的影响因素调查问卷

您好！

为全面了解居民参与废弃电子产品互联网回收的影响因素，北京工业大学废弃电子产品回收研究课题小组设计了此份问卷开展调查。

废弃电子产品是指人们日常生活中所产生的废弃电脑、手机、平板电脑及其他常用电子产品。本次调查涉及的互联网回收主要指互联网平台预约上门回收或通过互联网平台以旧换新。

问卷采取不记名填写方式，所有回答将严格保密，并被纳入总体资料中作学术研究之用。请您认真填写问卷，根据自身的实际情况进行回答，谢谢您的配合！

一 居民基本情况

1. 您的性别为：

①男

②女

2. 您的年龄为：

①0—18 岁

②19—25 岁

③26—40 岁

④41—60 岁

⑤61 岁及以上

3. 您目前正在攻读或已取得的最高学历为：

①初中及以下

②高中

③本科

④研究生

4. 您的月收入为：

①0—5000 元

②5000—10000 元

③10000—20000 元

④20000—30000 元

⑤30000 元以上

二 居民回收意愿及影响因素调查

请根据您的真实生活状态，选择出可能促使您参与废弃电子产品互联网回收的因素，以表示您的认同程度，在对应栏目下打“√”。

居民互联网回收意愿及影响因素

序号	问题	完全符合 5	比较符合 4	不清楚 3	不太符合 2	完全不符合 1
1	使用互联网回收方式节省了时间，提高了效率					
2	互联网回收方式为我提供了及时有价值的回收信息					
3	互联网回收方式对我的生活产生了积极的帮助					
4	互联网回收方式为我提供了个性化的回收服务					
5	我认为学习使用互联网回收是一件很容易的事					
6	我认为利用互联网进行回收是一件简单易操作的事情					
7	我清楚地知道如何使用互联网进行回收					
8	家人、朋友、同事推荐我使用互联网回收，我会尝试					
9	大众传媒宣传推广会使我尝试使用互联网回收方式					
10	国家政策的支持会使我转向使用互联网回收方式					
11	我身边很多人都在使用互联网进行回收					
12	我担心互联网回收方式会泄露我的个人隐私、位置信息、消费信息等					
13	我担心采用互联网回收方式会遇到不合理收费或欺诈性消费					
14	我担心使用互联网回收方式将会浪费我更多的时间					
15	我具有使用互联网回收平台时所需要的资源					
16	我具有使用互联网回收平台时所需要的知识					

续表

序号	问题	完全符合 5	比较符合 4	不清楚 3	不太符合 2	完全不符合 1
17	互联网回收方式与我之前所采取的回收方式是兼容的					
18	当我在互联网回收平台遇到困难时，能够得到某个人（团队）的帮助和指导					
19	我愿意不断学习新的互联网回收平台的使用					
20	我愿意向家人、朋友、同事等身边人推荐使用互联网回收方式					
21	我经常使用互联网平台对废弃电子产品进行回收					
22	我今后也会继续使用互联网回收平台					
23	我曾经向家人、朋友、同事等身边人推荐使用互联网回收方式					

三　您对废弃电子产品互联网回收有何意见或建议？

附录5：废弃电器电子产品循环产业发展影响因素调查问卷

尊敬的专家：

您好！

我们是北京工业大学废弃电器电子产品循环产业发展影响因素研究课题小组。希望通过专家打分，获取相关影响因素之间的作用关系。您的反馈将严格保密，仅作学术研究之用。非常感谢您能在百忙之中参与我们的调查。

基于前期调研，课题组识别出影响废弃电器电子产品循环产业发展的因素，如表1所示。

表 1　　WEEE 循环产业发展影响因素体系

维度	影响因素	编号
生产者	产品环境影响信息披露	X1
	建立回收处理系统	X2
	设计易于拆卸的产品结构	X3
	利用再生资源将其作为部分生产原料	X4
消费者	回收的便利程度	X5
	环保意识	X6
	回收的安全程度	X7
	回收价格	X8
回收处理企业	回收规模	X9
	回收处理成本	X10
	拆解和再利用技术	X11
	经济收益	X12
政府	对 WEEE 回收处理的政策倾向（激励）	X13
	对 WEEE 回收处理的法律法规（约束）	X14
	对 WEEE 回收处理的公益宣传	X15

下面，请您根据您的专业知识和经验判断各影响因素间作用的强烈程度，并完成专家打分表（见表 2）。

0 表示因素 Xi 对因素 Xj 无任何影响；

1 表示因素 Xi 对因素 Xj 存在低度影响；

2 表示因素 Xi 对因素 Xj 存在中度影响；

3 表示因素 Xi 对因素 Xj 存在高度影响；

4 表示因素 Xi 对因素 Xj 存在极高影响。

表 2　　专家打分表

因素	X1	X2	X3	X4	X5	X6	X7	X8	X9	X10	X11	X12	X13	X14	X15
X1	0														
X2		0													
X3			0												
X4				0											

续表

因素	X1	X2	X3	X4	X5	X6	X7	X8	X9	X10	X11	X12	X13	X14	X15
X5					0										
X6						0									
X7							0								
X8								0							
X9									0						
X10										0					
X11											0				
X12												0			
X13													0		
X14														0	
X15															0

参考文献

程岩等：《基于生产者延伸责任制的电子产品再制造逆向物流研究》，《中国制造信息化》2012 年第 15 期。

蔡毅、田晖：《我国废弃电器电子产品多渠道回收体系构建研究与行业展望》（上），《家电科技》2016 年第 6 期。

单明威、杜欢政、田晖：《新目录下中国废弃电器电子产品管理现状与挑战》，《生态经济》2016 年第 11 期。

窦欣：《爱回收传统回收业的“互联网+”创新》，《企业管理》2016 年第 10 期。

冯利华：《国外 EPR 制度立法实践对我国的启示》，《中国经贸导刊》（理论版）2018 年第 2 期。

付俊文、赵红：《利益相关者理论综述》，《首都经济贸易学院学报》2006 年第 2 期。

甘俊伟等：《基于 DEMATEL 的川藏旅游产业竞争力影响因素研究》，《干旱区资源与环境》2017 年第 3 期。

甘俊伟等：《基于 DEMATEL 方法的我国报废汽车回收利用产业发展影响因素分析》，《科技管理研究》2016 年第 1 期。

胡楠等：《日本循环型社会建设对中国废物管理的启示》，《世界环境》2018 年第 5 期。

贾生华、陈宏辉：《利益相关者的界定方法述评》，《外国经济与管理》2002 年第 5 期。

姜燕宁、郝书池：《发展逆向物流的利益相关主体及其博弈》，《特区经济》2012 年第 1 期。

金卫健、胡汉辉：《模糊 DEMATEL 方法的拓展应用》，《统计与决策》2011 年第 23 期。

李春发等:《基于 C2B 的 WEEE 网络平台回收模式及运行机制分析》,《科技管理研究》2015 年第 6 期。

李丹:《环境立法的利益分析》,博士学位论文,中国政法大学,2007 年。

李洪伟:《绿色产品评价理论方法研究及其在地面仿生机械中的应用》,博士学位论文,吉林大学,2004 年。

李永波、尹斌:《基于 DEMATEL 的企业环境行为影响因素研究》,《广西经济管理干部学院学报》2019 年第 1 期。

梁霞:《基于 UTAUT 模型的用户接受网络付费视频的影响因素研究》,硕士学位论文,哈尔滨工业大学,2017 年。

刘婷婷等:《"城市矿产"利益相关者探析》,《生态经济》2015 年第 11 期。

刘婷婷等:《绿色转型背景下我国电器电子产品生产者责任延伸制度发展机遇与挑战》,《环境保护》2021 年第 14 期。

刘欣伟、胡文韬:《我国废弃电器电子产品基金政策实施效果分析》,《中文科技期刊数据库(文摘版)经济管理》2018 年第 7 期。

刘娅茹:《北京市居民参与再生资源互联网回收影响因素研究》,硕士学位论文,北京工业大学,2020 年。

刘永清等:《废旧电器回收渠道决策影响因素的 DEMATEL 分析》,《湘潭大学自然科学学报》2015 年第 1 期。

罗伟:《垃圾分类的京环模式——垃圾智慧分类》,《城市管理与科技》2017 年第 2 期。

马飞、陈宏军、杨华:《基于 DEMATEL 方法的绿色供应链关键绩效评价指标选择》,《吉林大学社会科学学报》2011 年第 6 期。

牟新娣:《废弃电器电子产品回收处理基金补贴研究》,硕士学位论文,青岛大学,2016 年。

苹果公司:《环境责任报告》,2019 年,苹果公司官网,www. apple. com. cn/cnvirhment/。

商务部:《中国再生资源回收行业发展报告》,2018 年,商务部官网，http：//ltfzs. moflom. gov. cn/。

宋小龙等：《废弃手机回收处理系统生命周期能耗与碳足迹分析》，《中国环境科学》2017 年第 6 期。

孙永河、张思雨、缪彬：《专家交互情境下不完备群组 DEMATEL 决策方法》，《控制与决策》2020 年第 12 期。

唐静：《基于共生视角的电子废弃物资源化利益相关企业竞合关系研究》，硕士学位论文，西南科技大学，2018 年。

唐为：《我国废弃电器电子产品回收制度研究》，硕士学位论文，海南大学，2016 年。

田晓霞、陈金梅：《利益相关者价值创造、创新来源与机会》，《科学学与科学技术管理》2005 年第 11 期。

王昶等：《居民参与“互联网+回收”意愿的影响因素研究》，《管理学报》2017 年第 14 期。

王亚亚：《电子废弃物回收责任主体研究》，硕士学位论文，浙江农林大学，2012 年。

吴尚昀：《利益相关者视角下电子废弃物互联网回收发展研究》，硕士学位论文，北京工业大学，2022 年。

修太春：《废弃电器电子产品回收处理现状研究》，《科学与财富》2017 年第 85 期。

徐鹤、周婉颖：《日本电子废弃物管理及对我国的启示》，《环境保护》2019 年第 18 期。

杨立群、鲁敏、张旭：《废弃电器电子产品回收处置制度现状》，《江汉大学学报》（自然科学版）2019 年第 2 期。

杨犇犇：《废旧手机回收的潜力分析》，《现代商业》2009 年第 30 期。

余福茂等：《居民电子废物回收行为影响因素的实证研究》，《中国环境科学》2011 年第 12 期。

再生资源协会：《废弃电器电子产品回收：光有补贴还不够》，《中国资源综合利用》2015 年第 9 期。

张世勋、刘艾杉、孙明波：《电子废弃物逆向物流发展关键因素的 DEMATEL 分析》,《郑州大学学报》(理学版)2012 年第 3 期。

中国家用电器研究院:《2019 首批电器电子产品生产者责任延伸试点工作报告》,《家电科技》2020 年第 3 期。

中国家用电器研究院:《中国废弃电器电子产品回收处理与综合利用行业白皮书》,2018 年。

周雅雯等:《我国废弃电器电子产品回收模式和处理处置技术》,《再生资源与循环经济》2018 年第 6 期。

Akortia, E. et al., "Soil Concentrations of Polybrominated Diphenyl Ethers and Trace Metals from an Electronic Waste Dump Site in the Greater Accra Region, Ghana: Implications for Human Exposure", *Ecotoxicology and Environmental Safety*, Vol. 137, 2017.

Alberto, J. D., "The Effect of Internal Barriers on the Connection between Stakeholder Integration and Proactive Environmental Strategies", *Journal of Business Ethics*, Vol. 3, 2012.

Bai, C. G., Sarkis, J., "A Grey - based DEMATEL Model for Evaluating Business Process Management Critical Success Factors", *International Journal of Production Economics*, Vol. 146, No. 1, 2013.

Baxter, J. et al., "High-quality Collection and Disposal of WEEE: Environmental Impacts and Resultant Issues", *Waste Management*, Vol. 57, 2016.

Boundy, T. et al., "Attrition Scrubbing for Recovery of Indium from Waste Liquid Crystal Display Glass via Selective Comminution", *Journal of Cleaner Production*, Vol. 154, 2017.

Canal Marques, A. et al., "Printed Circuit Boards: A Review on the Perspective of Sustainability", *Journal of Environmental Management*, Vol. 131, 2013.

Cao, Q. and Niu, X., "Integrating Context-awareness and UTAUT to Explain Alipay User Adoption", *International Journal of Industrial Ergonomics*, Vol. 69, 2019.

Cao, J. et al., "WEEE Recycling in Zhejiang Province, China:

Generation, Treatment, and Public Awareness", *Journal of Cleaner Production*, Vol. 127, 2016.

Clarke, C. et al., "Evaluating the Carbon Footprint of WEEE Management in the UK", *Resources, Conservation and Recycling*, Vol. 141, 2019.

Curvelo Santana, J. C. et al., "Refurbishing and Recycling of Cell Phones as a Sustainable Process of Reverse Logistics: A Case Study in Brazil", *Journal of Cleaner Production*, Vol. 283, 2021.

Douglas, C. C., "An Open Framework for Dynamic Big-data-driven Application Systems (DBDDAS) Development", *Procedia Computer Science*, Vol. 29, 2014.

Dufour, P. et al., "Association between Organohalogenated Pollutants in Cord Blood and Thyroid Function in Newborns and Mothers from Belgian Population", *Environmental Pollution*, Vol. 238, 2018.

Dytczak, M. and Ginda, G., "Is Explicit Processing of Fuzzy Direct Influence Evaluations in DEMATEL Indispensable?", *Expert Systems with Applications*, Vol. 40, No. 12, 2013.

Foelster, A. et al., "Electronics Recycling as an Energy Efficiency Measure—A Life Cycle Assessment (LCA) Study on Refrigerator Recycling in Brazil", *Journal of Cleaner Production*, Vol. 129, 2016.

Forti, V. et al., *The Global E-waste Monitor* 2020: *Quantities, Flows and the Circular Economy Potential*, United Nations University (UNU) /United Nations Institute for Training and Research (UNITAR) -co-hosted SCYCLE Programme, International Telecommunication Union (ITU) & International Solid Waste Association (ISWA).

Grant, K. et al., "Health Consequences of Exposure to E-waste: A Systematic Review", *Lancet Glob Health*, Vol. 1, No. 6, 2013.

Guo, J. et al., "Recycling of Non-metallic Fractions from Waste Printed Circuit Boards: A Review", *Journal of Hazardous Materials*, Vol. 168, No. 2-3, 2009.

Guo, L. et al., "Changes in Thyroid Hormone Related Proteins and Gene Expression Induced by Polychlorinated Biphenyls and Halogen Flame Retardants Exposure of Children in a Chinese E-waste Recycling Area", *Science of the Total Environment*, Vol. 742, 2020.

Guo, X., Yan, K., "Estimation of Obsolete Cellular Phones Generation: A Case Study of China", *Science of the Total Environment*, Vol. 575, 2017.

He, P. et al., "Life Cycle Cost Analysis for Recycling High-tech Minerals from Waste Mobile Phones in China", *Journal of Cleaner Production*, Vol. 251, 2020.

He, P. et al., "The Present and Future Availability of High-tech Minerals in Waste Mobile Phones: Evidence from China", *Journal of Cleaner Production*, Vol. 192, 2018.

He, Y. and Xu, Z., "The Status and Development of Treatment Techniques of Typical Waste Electrical and Electronic Equipment in China: A Review", *Waste Management & Research*, Vol. 32, No. 4, 2014.

Huang, K. et al., "Recycling of Waste Printed Circuit Boards: A Review of Current Technologies and Treatment Status in China", *Journal of Hazardous Materials*, Vol. 164, No. 2-3, 2009.

Huo, X. et al., "Elevated Blood Lead Levels of Children in Guiyu, an Electronic Waste Recycling Town in China", *Environmental Health Perspectives*, Vol. 115, No. 7, 2007.

Jacoby, J. and Kaplan, L. B., "The Components of Perceived Risk in Product Purchase: A Cross-validation", *Journal of Applied Psychology*, Vol. 59, No. 3, 1974.

Kelloway, E. K., "Common Practice in Structural Equation Modeling", *International Review of Industrial and Organization Psychology*, 1996

Khalilzadeh, J. et al., "Security-related Factors in Extended UTAUT Model for NFC Based Mobile Payment in the Restaurant Industry", *Computers in Human Behavior*, Vol. 70, May 2017.

Lin, C. J. and Wu, W. W., "A Fuzzy Extension of the DEMATEL Method for Group Decision Making", *European Journal of Operational Research*, Vol 156, 2004.

Lindhqvist, T., Lifset, R., "Can We Take the Concept of Individual Producer Responsibility from Theory to Practice?", *Journal of Industrial Ecology*, Vol. 7, No. 2, 2003.

Liu, T. T. et al., "Exploring Influencing Factors of WEEE Social Recycling Behavior: A Chinese Perspective", *Journal of Cleaner Production*, Vol. 312, 2021.

Luo, C. et al., "Heavy Metal Contamination in Soils and Vegetables near an E-waste Processing Site, South China", *Journal of Hazardous Materials*, Vol. 186, No. 1, 2011.

Madigan, R. et al., "What Influences the Decision to Use Automated Public Transport? Using UTAUT to Understand Public Acceptance of Automated Road Transport Systems", *Transportation Research Part F: Traffic Psychology and Behaviour*, Vol. 50, 2017.

Mairizal, A. Q. et al., "Electronic Waste Generation, Economic Values, Distribution Map, and Possible Recycling System in Indonesia", *Journal of Cleaner Production*, Vol. 293, 2021.

Mitchell, R. K. and Wood, D. J., "Toward a Theory of Stakeholder Identification and Salience Defining the Principle of Who and What Really Counts", *The Academy of Management Review*, Vol. 22, No. 4, 1997.

Moustaki et al., "Factor Models for Ordinal Variables with Covariate Effects on the Manifest and Latent Variables: A Comparison of LISREL and IRT Approaches", *Structural Equation Modeling a Multidisciplinary Journal*, Vol. 11, No. 4, November 2004.

Nakano, K. et al., "Evaluating the Reduction in Green House Gas Emissions Achieved by the Implementation of the Household Appliance Recycling in Japan", *The International Journal of Life Cycle Assessment*, Vol. 12, No. 5, 2007.

Ongondo, O. et al., "Estimating the Impact of the 'Digital Switchover' on Disposal of WEEE at Household Waste Recycling Centres in England", *Waste Management*, Vol. 31, No. 4, 2011.

Park, J. et al., "Greenhouse Gas Emission Offsetting by Refrigerant Recovery from WEEE: A Case Study on a WEEE Recycling Plant in Korea", *Resources, Conservation and Recycling*, Vol. 142, 2019.

Pekarkova, Z. et al., "Economic and Climate Impacts from the Incorrect Disposal of WEEE", *Resources, Conservation and Recycling*, Vol. 168, 2021.

Peter, J. P., Tarpey, L. X., "A Comparative Analysis of Three Consumer Decision Strategies", *Journal of Consumer Research*, Vol. 1, No. 1, 1975.

Polák, M., Drápalová, L., "Estimation of End of Life Mobile Phones Generation: The Case Study of the Czech Republic", *Waste Management*, Vol. 32, No. 8, 2012.

Porter, M. E., Linde, C. V. D., "Toward a New Conception of the Environment-Competitiveness Relationship", *The Journal of Economic Perspectives*, Vol. 9, No. 4, 1995.

Pradhan, J. K., Kumar, S., "Informal E-waste Recycling: Environmental Risk Assessment of Heavy Metal Contamination in Mandoli Industrial Area, Delhi, India", *Environmental Science and Pollution Research*, Vol. 21, No. 13, 2014.

Qiu, R. et al., "Recovering Full Metallic Resources from Waste Printed Circuit Boards: A Refined Review", *Journal of Cleaner Production*, Vol. 244, 2020.

Rautela, R. et al., "E-waste Management and Its Effects on the Environment and Human Health", *Science of the Total Environment*, Vol. 773, 2021.

Ravindra, K., Mor, S., "E-waste Generation and Management Practices in Chandigarh, India and Economic Evaluation for Sustainable Recycling", *Journal of Cleaner Production*, Vol. 221, 2019.

Rotter, V. S. et al., "Practicalities of Individual Producer Responsibility under the WEEE Directive: Experiences in Germany", *Waste Management & Research*, Vol. 29, No. 9, 2011.

Rugman, A. M. and Verbeke, A., "Edith Penrose's Contribution to the Resource-based View of Strategic Management", *Strategic Management Journal*, Vol. 23, No. 8, 2002.

Shittu, O. S. et al., "Global E-waste Management: Can WEEE Make a Difference? A Review of E-waste Trends, Legislation, Contemporary Issues and Future Challenges", *Waste Management*, Vol. 120, 2021.

Song, X. et al., "An Updated Review and Conceptual Model for Optimizing WEEE Management in China from a Life Cycle Perspective", *Frontiers of Environmental Science & Engineering*, Vol. 11, No. 5, 2017.

Stone, R. N., Winter, F. W., "Risk: Is It still Uncertainty Times Consequences?", *Proceedings of the American Marketing Association, Winter Educators Conference*, 1987.

Su, C. M. et al., "Improving Sustainable Supply Chain Management Using a Novel Hierarchical Grey-DEMATEL Approach", *Journal of Cleaner Production*, Vol. 134, 2016.

Suckling, J., Lee, J., "Redefining Scope: The True Environmental Impact of Smartphones?", *The International Journal of Life Cycle Assessment*, Vol. 20, No. 8, 2015.

Takahashi, K. et al., "Recovering Indium from the Liquid Crystal Display of Discarded Cellular Phones by Means of Chloride-Induced Vaporization at Relatively Low Temperature", *Metallurgical and Materials Transactions A*, Vol. 40, No. 4, April 2009.

Valero Navazo, J. M. et al., "Material Flow Analysis and Energy Requirements of Mobile Phone Material Recovery Processes", *The International Journal of Life Cycle Assessment*, Vol. 19, No. 3, 2014.

Venkatesh, V. et al., "User Acceptance of Information Technology:

Toward a Unified View", *Mis Quarterly*, Vol. 27, No. 3, 2003.

Walther, G. et al., "Implementation of the WEEE-directive—Economic Effects and Improvement Potentials for Reuse and Recycling in Germany", *The International Journal of Advanced Manufacturing Technology*, Vol. 47, No. 5-8, 2010.

Wang, H. et al., "Operating Models and Development Trends in the Extended Producer Responsibility System for Waste Electrical and Electronic Equipment", *Resources, Conservation and Recycling*, Vol. 127, 2017.

Wang, H., "A Study of the Effects of LCD Glass Sand on the Properties of Concrete", *Waste Management*, Vol. 29, No. 1, 2009.

Wang, R., Xu, Z., "Recycling of Non-metallic Fractions from Waste Electrical and Electronic Equipment (WEEE): A Review", *Waste Management*, Vol. 34, No. 8, 2014.

Wheeler, D., Sillanpa A. M., "Including the Stakeholders: The Business Case", *Long Range Planning*, Vol. 31, No. 2, 1998.

Wu, K. et al., "Polybrominated Diphenyl Ethers in Umbilical Cord Blood and Relevant Factors in Neonates from Guiyu, China", *Environmental Science & Technology*, Vol. 44, No. 2, 2010.

Wu, W. et al., "Regional Risk Assessment of Trace Elements in Farmland Soils Associated with Improper E-waste Recycling Activities in Southern China", *Journal of Geochemical Exploration*, Vol. 192, 2018.

Yu, J. et al., "Analysis of Material and Energy Consumption of Mobile Phones in China", *Energy Policy*, Vol. 38, No. 8, 2010.

Zeng, X. et al., "PM 2.5 Exposure and Pediatric Health in E-waste Dismantling Areas", *Environmental Toxicology and Pharmacology*, Vol. 89, 2022.

Zeng, X. et al., "Urban Mining of E-Waste is Becoming More Cost-Effective than Virgin Mining", *Environmental Science & Technology*, Vol. 52, No. 8, 2018.

Zhang, J. et al., "Elevated Body Burdens of PBDEs, Dioxins, and

PCBs on Thyroid Hormone Homeostasis at an Electronic Waste Recycling Site in China", *Environmental Science & Technology*, Vol. 44, No. 10, 2010.

Zhang, L. and Xu, Z., "A Review of Current Progress of Recycling Technologies for Metals from Waste Electrical and Electronic Equipment", *Journal of Cleaner Production*, Vol. 127, 2016.

Zhang, S. et al., "Supply and Demand of Some Critical Metals and Present Status of Their Recycling in WEEE", *Waste Management*, Vol. 65, 2017.

Zheng, G. et al., "Association between Lung Function in School Children and Exposure to Three Transition Metals from an E-waste Recycling Area", *J Expo Sci Environ Epidemiol*, Vol. 23, No. 1, 2013.